Yvonne und Wilhelm Bauer

ulmer

ZWERGHÜHNER

IN MEINEM GARTEN

Kleine Hühner artgerecht halten

Zwerghühner

Kleine Hühner mit großer Persönlichkeit ...

Unsere Liebe zu Hühnern wurde uns in die Wiege gelegt, und zwar von unseren Großvätern: Der eine war Zwerghuhnzüchter in einem Rassegeflügelzuchtverein, der andere Hühnerhalter der Eier wegen. Und so war fast zeitgleich zum Kauf unseres Hauses und der Gründung unserer Familie klar: Hühner müssen her! Halt nein, Zwerghühner sollten es sein! Für eine große Hühnerrasse hatten wir schlichtweg zu wenig Platz und außerdem sollten Futter und Mist im überschaubaren Rahmen bleiben.

Die riesige Auswahl an Rassen und Farbenschlägen hatte es uns nicht gerade leicht gemacht, die für uns passenden Hühner zu finden. Die Wünsche klafften auseinander: Ich wollte jährlich Küken aufziehen und an Rassegeflügelausstellungen teilnehmen, meine Frau vorrangig Eier – und dass die Hühnchen einfach hübsch aussehen, und zwar ganz unabhängig von ihren Ausstellungsqualitäten. Und jawohl, ich glaube, wir haben diese vermeintliche Quadratur des Kreises tatsächlich geschafft! Heute haben wir die für uns ideale Lösung gefunden. Wir züchten Deutsche Zwerg-Wyandotten, Federfüßige Zwerghühner und Zwerg-Hamburger. Grundverschieden im Aussehen und im Temperament, dennoch richtige Zwerghühner mit all ihren Facetten.

Unsere Zwerghühner sind für uns sehr viel mehr als Ausstellungsstücke und Eierproduzenten: Sie sind unsere Heim- und Haustiere, die uns täglich Freude bringen. Sie laufen um uns herum, wenn wir im Garten sind. Sie kommen auf die Terrasse und wollen ihre Leckerbissen abholen. Wir haben sie einfach gerne um uns.

Und selbst nach all den Jahren der Hühnerhaltung ist es für uns noch immer ein besonderer Höhepunkt, die nestwarmen Eier ins Haus zu holen. Stehen sie dann auf dem Frühstückstisch, wird uns immer wieder bewusst, welch tolle Haustiere wir haben! Ein Leben ohne Zwerghühner ist für uns jedenfalls schlichtweg nicht mehr vorstellbar.

Und auch für unsere Kinder waren und sind die Zwerghühner immer etwas Besonderes. Vor Jahren, als Hühner vorrangig auf einem Bauernhof zu finden waren, war die Besucherfrequenz bei uns sehr hoch. Freundinnen, Eltern, Kindergarten-

gruppen und Schulklassen – jeder wollte die „coolen Hühnchen“ sehen, die Anna und Klara zu Hause haben. Die fast logische Folge davon: In vielen Gärten unserer Bekannten sind Zwerghühner eingezogen. Also passen Sie bloß auf: Zwerghühner können süchtig machen! Aber keine Sorge. Diese Sucht ist händelbar, völlig legal und ohne negative Begleiterscheinen. Wir können Sie nur ermutigen und mit diesem Buch hoffentlich auch mit Rat und Tat unterstützen, dem fleißigen Federvieh Hof und Herz zu öffnen.

Herzlichst
Yvonne und Wilhelm Bauer

Wir bedanken uns beim Verlag Eugen Ulmer, der uns die Möglichkeit gibt, unsere Faszination mit Ihnen zu teilen; besonders bei Antje Munk vom Verlag Eugen Ulmer, die uns wieder souverän bei diesem Buch begleitet hat, sowie bei unserer Lektorin Antje Krause, die auch vom „Hühnervirus“ befallen ist.

Mein Name ist Huhn – Zwerghuhn

Zwerghühner sind faszinierende Wesen. Wie die großen Hühnerrassen stammen auch sie von Bankivahühnern ab und haben aus dem Dschungel den Weg in unsere Gärten und in unsere Herzen gefunden. Zwerghühner sind genauso wie ihre großen Ebenbilder eigensinnig und unabhängig, ihr Verhalten manchmal etwas mysteriös, sie lassen sich angesichts ihres immer gleichen Pokerface nicht in die Karten gucken und liefern uns doch brav und bereitwillig ein überaus gesundes, wohlschmeckendes Lebensmittel. Zeit, Zwerghühner besser kennenzulernen.

Vom Dschungel in unsere Gärten

Heute kennt man eine fast unüberschaubare Vielfalt an Hühnerrassen in unterschiedlichen Größen, Körperformen, Farben und Federzeichnungen. Doch nicht nur darin unterscheiden sich Hühner. Auch unter anderem in ihrem Flugvermögen, im Temperament und ihrem Wesen sind sie verschieden.

Kaum eine andere Geflügelart, kaum ein anderes landwirtschaftliches Nutztier hat eine solch herausragende Stellung wie das Huhn. Und keines wurde durch Züchtung so spezialisiert: auf der einen Seite Masthähnchen, die nach rund sieben Wochen ihr Schlachtgewicht erreicht haben, und auf der anderen Seite Legehennen, die fast jeden Tag ein Ei legen. Diese beiden Extreme der Nutzgeflügelzucht gehören zu den sogenannten Hybridhühnern; sie sind das Ziel weltweit operierender Konzerne.

Weiterhin gibt es Rassehühner, die von Züchtern nach festgelegten Rassestandards gezüchtet werden: Auch hier wird eine Unterteilung in Lege- und Fleischrassen gemacht (weiterhin noch Zweinutzungs- und Zierrassen – aber dazu später mehr). Jedoch wird der Leistungsgedanke hier nicht bis zum Äußersten getrieben. Und dann gibt es natürlich noch die bunten Mischlinge, die man keiner Rasse mehr zuordnen kann, weil sie über Generationen nach Lust, Laune und Verfügbarkeit der Rassen auf dem Hühnerhof entstanden sind.

So unterschiedlich sie auch sind, sie sind allesamt Abkömmlinge des Roten Kammhuhns (*Gallus gallus*), geläufiger auch Bankivahuhn genannt. Man sieht das Bankivahuhn heute als Ursprungsart aller Hühnerrassen an; dabei ist es zweitrangig, von welcher der fünf Unterarten unsere heutigen Hühner, und damit auch die Zwerghuhnrassen, abstammen.

SPOREN UND KRALLEN VORAUS! DIESE BEIDEN ZWERG-COCHIN-HÄHNE MÜSSEN DA WOHL ETWAS KLÄREN …

Wie das Bankivahuhn zum Haushuhn wurde

Das Bankivahuhn kommt – auch heute noch – wild in Südostasien vor. Im dicht bewachsenen Dschungel lebt es in Familienverbänden zusammen, mit streng geregelter Hierarchie. Meist führt ein Hahn die Familie und bewacht sie sehr feinsinnig. Versucht ein fremder Hahn in die Familie einzudringen oder einen höheren Rangplatz einzunehmen, bekommt er es mit den Sporen, den Krallen und dem Schnabel des Platzherrn zu tun. Dasselbe Verhalten können Sie übrigens bei Ihren eigenen Zwerghühnern beobachten.

Auch Bankivahühner legen Eier – selbstverständlich. Bei ihnen dient die Eiablage jedoch nur der Arterhaltung. Jede Henne bebrütet ihr Gelege aus acht bis zwölf Eiern selbst und zieht die Küken selbstständig, aber innerhalb des großen Hühnerfamilienverbands auf.

Da das wilde Bankivahuhn in Südostasien lebt, ist anzunehmen, dass die ersten Haushühner auch dort gehalten wurden. Bei indigenen Völkern findet man heute noch recht ursprüngliche Rassen, die sich nur wenig von den wild-lebenden Bankiva unterscheiden. Interessanterweise sind Bankivahühner von ihrer Größe her eher den Zwerghühnern ähnlich als unseren großen Hühnerrassen. Die Erhöhung des Größenrahmens und des Gewichts sind also anscheinend eine Folge der Domestikation. Und die Domestikation, also die Zeit, als Hühner zum Haustier wurden, liegt schon eine gute Weile zurück. Bereits vor rund 4800 Jahren wurden in chinesischen Schriften Haushühner beschrieben. Die ersten schriftlichen Erwähnungen von explizit Zwerghühnern stammen von griechischen und römischen Schriftstellern und sind mehr als 2000 Jahre alt. Erste Abbildungen von Zwerghühnern hingegen dürften allenfalls einige Hundert Jahre alt sein.

Das Zwerghuhn

Mit der Industrialisierung Mitte und Ende des 19. Jahrhunderts und der damit einhergehenden Verstädterung kam ein Platzproblem auf. Die Grundstücke und Gärten wurden immer kleiner, die Selbstversorgung war aber weiterhin unverzichtbar. Man wollte Eier und hin und wieder einen Braten. Was also tun?

Was lag näher, als zu dem Schluss zu kommen, dass kleinere Hühner weniger Platz bräuchten! In Europa wurden diese Gedanken zuerst in England, dem Mutterland der Tierzucht, in die Tat umgesetzt. Man machte sich an die Erzüchtung von sogenannten Zwerghühnern.

Schon deutlich früher geschah dies auch in Asien, zum Beispiel in Japan mit der Erzüchtung der Chabo. Unabhängig davon wurde die Rasse Zwerg-Cochin gezüchtet, die ausschließlich im Sommerpalast des chinesischen Kaisers zu Hause war und nur dieser zu Gesicht bekommen durfte. Als in Folge des Boxeraufstandes um 1900 europäische Truppen den Sommerpalast zerstörten, brachten die Eunuchen die allermeisten Zwerg-Cochin um – nur ganz wenige haben überlebt. Diese übergab man der britischen Königin Viktoria als Geschenk. Von da an war der Siegeszug der Zwerghühner nicht mehr zu stoppen. Vor allem in Deutschland hat man daraufhin viele große Hühnerrassen durch Züchtung verzwergt und zudem weitere Farbenschläge erzüchtet.

Auf eine breite gesellschaftliche Basis wurde die Haltung und Zucht von Zwerghühnern erst mit der Gründung von sogenannten Geflügelzuchtvereinen Ende des 19. Jahrhunderts gestellt. Der Nutzgedanke stand weiterhin im Vordergrund. Hinzu kamen als Motivatio,Weiterzucht aber die Freude an den verschiedenen Körperformen und Federfarben sowie die interessanten Charaktere der Hühner.

Übrigens: Zwerghühner stehen ihren großen Verwandten eigentlich in nichts nach. Die Eier sind zwar kleiner als die von großen Hühnerrassen – gemessen am Unterschied der Körpergröße aber dennoch erstaunlich groß. Und um es deutlich zu sagen: Die Eier sind kleiner, aber nicht weniger! Wer seine Hühner schlachten will, bekommt auch bei Zwerghühnern schmackhaftes Fleisch, aber natürlich weniger Masse als bei den Großrassen. Diesen vermeintlichen Einschränkungen stehen der geringere Platz- und Futterbedarf der Tiere gegenüber. Und der letztgenannte Punkt trifft bei vielen Haltern sowieso nur in der Theorie zu: Der Blickwinkel hat sich gegenüber früheren Zeiten grundlegend

BANTAM-HAHN UND -HENNE GEHÖREN ZU DEN URZWERGEN.

gewandelt und nur die wenigsten Halter, gerade wenn sie ihre Zwerghühner als Haustiere lieb gewonnen haben, können sich vorstellen, sie zu schlachten und zu essen.

Von Urzwergen und Verzwergten

Man kennt heute eine ungeheure Anzahl an Zwerghuhnrassen, die sich in Größe, Form, Beschaffenheit der Federn, Farbe, Federzeichnung und dem Wesen unterscheiden. Sie werden von den organisierten Züchtern in Urzwerghühner und verzwergte Hühner eingeteilt.

Die eigentlichen Zwerghühner, die sogenannten Urzwerghühner, sind Rassen, die von Anfang an als Zwerghühner gezüchtet werden. Eine große Entsprechung gibt es nicht. Zu ihnen gehören die wirklich kleinen unter den Zwerghühnern wie Sebright, Bantam, Zwerg-Cochin, Chabo, Antwerpener Bartzwerge, Federfüßige Zwerghühner usw. Sie unterscheiden sich sehr in Aussehen und in ihrem Wesen; ihnen gemeinsam ist ihre Kleinheit. Daher kommen sie auch mit einem kleineren Platzangebot sehr gut zurecht. Obwohl bei ihnen der Nutzgedanke nie im Vordergrund der Zucht stand, legen sie eine ordentliche Anzahl an Eiern, die dem Körpervolumen angepasst natürlich klein sind. Die meisten Urzwerghennen sind außerdem recht zuverlässige Brüterinnen, manche von ihnen, wie zum Beispiel Zwerg-Cochin und Chabo, werden fast ausnahmslos jedes Jahr zuverlässig brütig.

Im Gegensatz zu den Urzwergen stellen verzwergte Zwerghuhnrassen eine Miniaturausgabe einer Großrasse dar und sind ihr verkleinertes Ebenbild: Ausgehend von einer großen Hühnerrasse wurden die Tiere immer kleiner gezüchtet, bis sie als eine eigenständige Rasse anerkannt worden sind. Beispiele sind

ZWERG-PADUANER – WO VORNE UND WO HINTEN IST ERKENNT MAN AM BESTEN AN DER LAUFRICHTUNG …

Zwerg-Barnevelder, Deutsche Zwerg-Wyandotten, Zwerg-Plymouth Rocks, Zwerg-New Hampshire, Zwerg-Amrocks, Zwerg-Sundheimer usw. Von einigen von ihnen können ganz erhebliche Eierleistungen erwartet werden und sie brauchen sich vor so mancher Großrasse nicht zu verstecken, und zwar nicht nur was die Anzahl der Eier anbelangt, sondern auch das Eigewicht. Gerade Zwerg-Welsumer sind für ihre sehr großen Eier bekannt.

Unter den Verzwergten gibt es allerdings auch Rassen, bei denen Schönheit und Zierde im Vordergrund stehen und die in ihrer Legeleistung eher mit den Urzwergen vergleichbar sind. Dazu zählen beispielsweise Zwerg-Yokohama, Ostfriesische Zwerg-Möwen oder Zwerg-Hamburger.

Eine gewisse Sonderstellung nehmen Zwerg-Haubenhühner wie beispielsweise Holländer Zwerg-Haubenhühner und Zwerg-Paduaner ein. Ihre Haube erfordert einen etwas größeren und vor allem regelmäßigen Pflegeaufwand. So muss man die Haube regelmäßig auf Ungeziefer kontrollieren und bei Regenwetter sollte man die Tiere nicht unbedingt in den Auslauf lassen. Vom Verhalten her sind sie echte Zwerghühner – die eben ein extravagantes Aussehen haben!

Apropos extravagant: Kennen Sie Zwerghühner mit Latschen? Latschen wird die Fußbefiederung genannt. Hühner mit Latschen können auch bei Regenwetter problemlos in den Auslauf gelassen werden, sie bekommen dann unter Umständen schmutzige Federn, was jedoch nur ein ästhetisches Problem darstellt. Schlimmstenfalls brechen ein paar Federn ab. Aber selbst das ist für Ihre Zwerghühner schmerzlos. Ein großer Pluspunkt dieser Rassen ist, dass sie nicht so tief scharren können und damit die Grasnarbe im Auslauf weniger beanspruchen.

Gestreift, gesprenkelt, gelockt: Variationen des Gefieders

Die Vielfalt der Zwerghühner wird nicht allein durch unterschiedliche Rassen geprägt, sondern auch durch die sogenannten Farbenschläge innerhalb der Rassen. Darunter verstehen Züchter die unterschiedliche Färbung und Zeichnung der Federn. Sie variiert von Einfarbigkeit hin zu einer Bänderung, verschiedenen Varianten mit Tupfen, Streifungsmustern und vielen mehr.

Während einige Rassen nur in ein oder zwei Farbenschlägen bekannt sind, gibt es andere, die in fast 30 verschiedenen Farben und Zeichnungen vorkommen – ein gutes Beispiel sind die Deutschen Zwerg-Wyandotten. In den letzten Jahren sind viele Farbenschläge neu hinzugekommen oder züchterisch auf weitere Rassen übertragen worden.

Dazu gibt es auch Zwerghühner mit gelocktem Gefieder – kein Scherz! Wobei gestruppt eigentlich der bessere Ausdruck ist, da die einzelne Feder eher aufgestellt als richtig lockig ist. Typische Vertreter sind Zwerg-Cochin, Holländer Zwerg-Haubenhühner, Zwerg-Strupphühner oder Chabo. Weiterhin gibt es noch eine besondere Gefiederstruktur zu nennen, und zwar die Seidenfiedrigkeit. Bei dieser Gefiedervariante sind die Federfahnen zerschlissen. Das ist bei Zwerg-Seidenhühnern das Rassemerkmal schlechthin; Seidenfiedrigkeit gibt es aber auch bei Chabo. Sie kann theoretisch bei allen Rassen auftreten.

Obwohl sowohl das Struppgefieder als auch die Seidenfiedrigkeit so völlig anders aussehen als das Nullachtfünfzehn-Gefieder, sind Zwerghühner mit diesen Merkmalen genauso robust wie alle anderen Zwerghühner auch.

ZWERG-COCHIN IN GELOCKT UND „NORMAL".

GROẞ UND KLEIN ZUSAMMEN KLAPPT AUCH – WENN ES GENÜGEND PLATZ FÜR AUSWEICHMANÖVER GIBT ...

Hühner in Hof und Garten

Die private Hühnerhaltung hat in den letzten Jahren einen nie geahnten Aufschwung erfahren. Auf einmal ist es wieder en vogue Hühner zu halten. Viele Menschen wünschen sich wohl ein Stück heile Welt zurück aus der Zeit, als Massentierhaltung noch unvorstellbar und die damit einhergehenden Probleme unbekannt waren. Zeugen dieser Vergangenheit schlummern noch in einigen Gärten: alte Hühnerställe, die mittlerweile zur Aufbewahrung von Gartengeräten umfunktioniert wurden. Die Gärten selbst sind kleiner geworden, in neueren Wohngebieten noch viel kleiner. An eine Haltung, die früher gang und gäbe war, von sagen wir ein oder zwei Dutzend großen Hühnern ist hier kaum zu denken, schließlich sind die Platzbedürfnisse großer Hühnerrassen nicht zu unterschätzen.

Und so ist es nicht verwunderlich, dass die Zwerghühner die großen Hühnerrassen in der Beliebtheit deutlich überholt haben – zumindest, wenn es um die Rassegeflügelzucht geht, wie sie in Kleintierzuchtvereinen betrieben wird. Umso überraschender ist es, dass sie bei reinen Hobbyhaltern noch immer so etwas wie ein Geheimtipp sind. Wahrscheinlich liegt es daran, dass Zwerghühner der großen Masse der Bevölkerung einfach zu unbekannt sind und sie für reine Zierhühner gehalten werden.

Schon oft wurde ich gefragt, ob Zwerghühner denn auch Eier legen. Eine Frage, die ich mit bestem Gewissen mit ja beantworten kann. Aufgrund der heutzutage meist geringeren Platzverhältnisse sind Zwerghühner im Grunde für die meisten Halter die wesentlich geeigneteren Hühner.

Wie Zwerghühner die Welt wahrnehmen

Die wilden Bankivahühner sind bestens an ihr Leben im Dschungel angepasst – und unsere Hühner besitzen noch die gleichen Fähigkeiten, auch wenn als Folge der Domestikation von Rasse zu Rasse einige Unterschiede bestehen können.

Wer seine Hühnchen liebevoll pflegen und artgerecht halten möchte, sollte sich auch anschauen, wie die Tiere ihre Welt wahrnehmen und sich darin zurechtfinden. So lassen sich Missverständnisse und Haltungsfehler vorbeugen und überraschende Erkenntnisse gewinnen. Übrigens bestehen bei den Sinnesleistungen keinerlei Unterschiede zwischen großen und Zwerghuhnrassen.

Mit scharfen Augen

Zwerghühner verfügen wie alle Geflügelarten über ein enormes Gesichtsfeld und damit einen sehr großen Sehwinkel. Eine besondere Tiefenwahrnehmung haben sie allerdings nicht. Aus diesem Grund laufen Ihre Zwerghühner auch nicht gerne über größere unbewachsene, sprich strukturlose Flächen, noch dazu, wenn von oben kein Schutz in Form von Bäumen oder Ähnlichem vorhanden ist und die Hühner Greifvogel-Angriffe fürchten.

Um etwas genau fixieren zu können, müssen Zwerghühner ihren Kopf ständig wenden. Denn sie betrachten das meiste mit beiden Augen getrennt – erst mit dem einen, dann mit dem anderen Auge – und erleben so den Raum dreidimensional. Wenn Sie Ihre Zwerghühner genau beobachten, fällt Ihnen das ganz bestimmt auf. Aber sie haben genauso die Fähigkeit, kleine bewegliche Objekte wie Würmer und Käfer zielsicher anzupeilen.

Haben Hühner Ohren?

Und ob! Eine Ohrmuschel suchen Sie an ihnen allerdings vergebens. Die Ohröffnung ist durch ganz zarte Federchen abgedeckt, die zum einen vor Staub und Schmutz schützen, zum anderen so fein sind, dass sie leiseste Töne ins Ohrinnere dringen lassen.

Obwohl den Zwerghühnern, wie allen Vögeln übrigens, das äußere Ohr fehlt, ist ihr Hörsinn sehr gut ausgeprägt. Ihre Zwerghühner können selbst die leisesten Töne nicht nur hören, sondern auch einem entsprechenden Artgenossen im Familienverband zuordnen. Am deutlichsten wird dies, wenn Glucken ihre eigenen Küken unter einer Vielzahl anderer erkennen und „ansprechen" können. Selbst wenn die Küken noch im Ei sind, halten die Mütter Zwiesprache mit ihnen, und zwar in für den Menschen kaum hörbarer Weise. Umgekehrt können Ihre Zwerghühner bei Aufregung in ein sehr lautes Gegacker verfallen – für Sie einfach nur ein heilloses Durcheinander, für Ihre Zwerghühner jedoch völlig zuordenbar und strukturiert.

Erfühlen mit dem Schnabel

In erster Linie beurteilen Hühner das Futter mit den Augen. Aber im Schnabel-, Zungen- und Rachenbereich besitzen sie zahlreiche Tastkörperchen, die sie bei der Einschätzung der Futterbeschaffenheit unterstützen. So kann das Huhn die Größe, Form, Oberflächenbeschaffenheit und andere Eigenschaften des Objekts abschätzen. Spätestens wenn Sie Ihren Zwerghühnern eine Körnermischung anbieten, können Sie das erkennen. Weizenkörner kommen ihnen

WAS IST DENN DA OBEN LOS?

MEHLWÜRMER SCHMECKEN IMMER UND ÜBERALL ...

mit ihrer eher runden Form entgegen und werden deshalb besonders gerne gefressen. Gerste, nur unwesentlich größer, aber spitzer, fällt da schon durch den ersten Tast-Test, vom langen Hafer ganz zu schweigen.

Ganz nach ihrem Geschmack

Obwohl Zwerghühner über einen Geschmacksinn verfügen, haben Studien mit Legehühnern eindeutig bewiesen, dass Form und Größe der Futtermittel viel wichtigere Kriterien bei der Futterauswahl darstellen als der Geschmack. Aus diesem Grund gibt es eigentlich auch nichts, was Ihre Zwerghühner nicht fressen würden. Doch die Natur hat vorgesorgt: Manche Dinge, wie die giftigen Beeren der Eibe oder des Ligusters, werden wohl instinktiv gemieden. Selbst wenn Ihre Zwerghühner davon probieren, hören sie sofort auf, davon zu fressen. Dennoch sollten Sie es nie darauf ankommen lassen und Giftpflanzen aus dem Zugriffsbereich der Hühner entfernen. Denn wie heißt es so schön? Vorsicht ist die Mutter der Porzellankiste.

Können Hühner riechen?

Der Geruchssinn ist bei Zwerghühnern nicht besonders ausgeprägt, weil er für die Vorfahren bei der Futtersuche im Dschungel nicht lebensnotwendig war. Dennoch erkennen sich die Tiere gegenseitig am Familiengeruch.

Den bescheidenen Geruchssinn können Sie sich zunutze machen, wenn Sie neue Zwerghühner zu Ihren Alteingesessenen hinzusetzen wollen – denn dabei gibt es immer Auseinandersetzungen. Setzen Sie die neuen Zwerghühner abends zu den anderen auf die Sitzstange und sprühen Sie alle mit etwas Parfüm ein. So riechen alle gleich. Meistens erleichtert das das Eingewöhnen. Verhindern können Sie Querelen damit allerdings nicht, denn Hühner können zwar schlecht riechen, aber wie gesagt sehr gut gucken: Sie kennen ihre Familienangehörigen genau.

Typisch Zwerghuhn

In Deutschland sind derzeit mehr als 100 Zwerghuhnrassen anerkannt und werden von Kleintierzüchtern weiter gezüchtet. Sie können jede dieser Rassen im eigenen Garten halten, auch Mischlinge aus verschiedenen Zwerghuhnrassen.

Die große Vielfalt an Zwerghuhnrassen birgt natürlich auch Eigenheiten, die nur einzelne Rassen auszeichnen und die Ihnen wiederum bei der Entscheidung für eine Rasse helfen können (die beliebtesten Zwerghuhnrassen stellen wir Ihnen ab Seite 22 vor). Selbst innerhalb einer Rasse kann es zwischen den Farbenschlägen Unterschiede geben, vor allem hinsichtlich des Temperaments und der Fluglust. Scheuen Sie sich also nicht, sich mit einem Kenner zu unterhalten. Er kann Ihnen gute Tipps geben. Nichts ist nämlich unbefriedigender, als eine Zwerghuhnrasse zu besitzen, die nicht zu einem passt. Vom Aussehen allein sollten Sie sich nicht leiten lassen.

Leicht- und Mittelschwergewichte

Die verschiedenen Zwerghuhnrassen variieren vom Gewicht her zum Teil sehr stark. So gibt es Rassen, die etwa 500 bis 600 g wiegen, andere hingegen bis zu 1,9 kg. Der untere Gewichtsrahmen ist dabei eher den Urzwergrassen vorbehalten, während die verzwergten Rassen meistens schwerer sind (mehr zu Urzwergen und Verzwergten auf Seite 11). Das hängt damit zusammen, dass Zwerghuhnrassen in etwa ein Drittel der Körpermasse der Großrasse aufweisen sollen. Übrigens ist der Hahn genetisch bedingt ebenfalls rund ein Drittel schwerer als die Henne gleicher Rasse.

Während einige ausgesprochen stämmig und gedrungen wirken, erscheinen andere Zwerghuhnrassen ungemein schlank, ja, regelrecht filigran. Die Läufe – so werden in der Fachsprache die Füße genannt – sind mal kurz, mal außergewöhnlich lang. Die einen sind sehr feinknochig, andere gerade das Gegenteil davon. Sie alle haben allerdings – wie alle Vögel – eine sehr starke Ausprägung des Brustmuskels.

Ein kommunikatives Völkchen

Als Vögel mit großem Familiensinn ist für Zwerghühner die Verständigung über Lautäußerungen sehr wichtig. Dabei verfügen sie über ein erstaunlich breites Repertoire an Tonlagen und Lautstärken. So unterscheidet sich das typische, teils hysterische Gackern bei Aufregung ganz erheblich vom zarten, singenden Ton vor dem Legen. Einem Zwiegespräch gleichen die leisen Töne zwischen Glucke und dem noch im Ei befindlichen Küken kurz vor dem

Schlupf. Dazu kommt das charakteristische Krähen des Hahns, das vor allem am frühen Morgen zu hören ist. Aber selbst da gibt es Unterschiede. So variieren die Länge des Krährufs, die Stimmlage, die Modulation und nicht zuletzt die Lautstärke ganz erheblich. Es gibt regelrecht nachbarschaftsfreundliche Hähne, wie die Herren der Zwerg-Seidenhühner, Zwerg-Cochin, Deutsche Zwerg-Wyandotten, und solche, die mit ihrem schrillen Schrei das Ruheempfinden einiger Mitbürger mehr auf die Probe stellen.

Mit strenger Hierarchie

Obwohl vieles innerhalb der Zwerghuhnfamilie durch Laute geregelt wird, darf man nicht übersehen, dass die strenge Hierarchie auch durch recht harte Kämpfe zwischen meist gleichgeschlechtlichen Partnern ausgefochten wird. Hennen stehen dabei den Hähnen kaum einmal nach.

Die Hierarchie einer Hühnerfamilie ist dabei recht komplex und keineswegs von oben nach unten geregelt. So kann Henne Frieda über Berta und Berta über Henne Martha und Klara stehen. Klara wiederum steht über Frieda und Martha über Klara … Je umfangreicher die Hühnerfamilie, desto komplexer das Sozialgefüge.

Aus diesem Grund sollte man immer vorsichtig sein, wenn neue Tiere hinzukommen sollen. Diese stören zunächst die bestehende Rangordnung, und das kann heftige Auseinandersetzungen zur Folge haben. Ihre Zwerghühner sind dabei äußerst feinfühlig, wenn es darum geht, dass jemand ihnen ihre Position streitig machen will, und umso erbarmungsloser beim Verteidigen ihrer Stellung. Da kann es durchaus vorkommen, dass Blut fließt, wenn zum Beispiel der Kamm bei einer Attacke aufgepickt wurde. Solche Verletzungen verheilen allerdings sehr schnell und scheinen den Zwerghühnern nichts auszumachen. Sie schränken dadurch ihre Verhaltensweisen jedenfalls nur in den seltensten Fällen ein.

DER BANTAM-HAHN KRÄHT SICH DIE SEELE AUS DEM LEIB – HOCH UND SCHRILL …

FEDERFÜßIGE ZWERGHÜHNER SCHARREN GERN IN LOCKERER ERDE UNTER BÜSCHEN. SIE SCHAFFEN ES ABER NICHT, EINE GRASNARBE ZU ZERSTÖREN.

Scharren, scharren, scharren ...

Als Bodenbewohner haben Ihre Zwerghühner das Bedürfnis, nach Wurzeln, Kerbtieren, Würmern und anderem zu scharren. Dies kann dem Bodenbewuchs unter Umständen ganz erheblich schaden. Wollen Sie verhindern, dass Ihr Hühnerauslauf zu einer pflanzenlosen Steppe verkommt, brauchen Sie entweder eine Rasse, die nicht so tief und kräftig scharrt beziehungsweise die Grasnarbe nicht so stark schädigt. Ideal ist auch eine besondere Art der Auslaufpflege: Mit sogenannten Wechselausläufen, bei denen immer ein Teil des Auslaufs zur Erholung des Bewuchses abgesperrt bleibt und die aktiv genutzten Auslaufflächen entsprechend wechseln, lässt sich die Grasnarbe retten. Voraussetzung ist aber immer, dass Sie die Größe der Zwerghuhnfamilie dem zur Verfügung stehenden Platz anpassen.

RASSEN, DIE WENIG SCHARREN

Vor allem Rassen mit opulenten Federlatschen und ruhige Temperamente scharren nichts kaputt, zum Beispiel Zwerg-Cochin, Chabo, Federfüßige Zwerghühner, Ohiki oder Zwerg-Brahma.

Wie ein gerupftes Huhn: die Mauser

Sie werden mit ziemlicher Sicherheit erschrecken, wenn Sie das erste Mal ein Huhn in Vollmauser sehen. Von einem Tag auf den anderen sieht es wie gerupft aus. Doch Entwarnung! Sie brauchen sich keine Gedanken zu machen. Die Mauser ist ein sich jährlich wiederholender, völlig natürlicher Vorgang bei erwachsenen Hühnern. Im Spätsommer oder Herbst wird das Gefieder erneuert. Schließlich ist es durch verschiedenste Beanspruchungen spröde geworden, an manchen Stellen ist etwas abgebrochen und die Elastizität hat nachgelassen.

Mit der Mauser werden alle diese Schwachstellen wieder behoben – sofern das Huhn gesund ist und sich das neue Gefieder optimal entwickeln kann. Aus diesem Grund sollte die Fütterung während dieses sensiblen Zeitraums auch besonders hochwertig sein. Ein hoher Eiweißanteil ist hier von Vorteil. Geben Sie während dieser Zeit also immer Legehennen-Alleinfutter zur ständigen Aufnahme, außerdem können Sie etwas Quark oder Joghurt anbieten.

In der Regel dauert der gesamte Mauservorgang etwa drei Monate. Junge Tiere mausern etwas schneller, ältere brauchen etwas länger. Während einige gleichzeitig viele Federn abwerfen und damit zwischenzeitlich fast nackt sind, merkt man es bei anderen nur daran, dass in Stall und Auslauf viele Federn herumliegen.

Da die meisten Hühner während der Mauserzeit keine Eier legen, wünscht man sich als Halter eine möglichst schnelle Mauser. Je mehr Federn auf einmal abgeworfen werden, desto zügiger ist die Mauser durchgestanden. Wenn die Temperaturen fallen und es bald kalt wird, beeinflusst das den Organismus in diese Richtung.

Neben der sogenannten Vollmauser kommt es immer wieder auch zu einer Teilmauser, die landläufig unter der Bezeichnung „Halsmauser" bekannt ist, da hier hauptsächlich die Halsfedern erneuert werden. Sie betrifft aber nur Junghennen, und zwar wenn sie zu schnell gewachsen sind und mit dem Legen beginnen, obwohl dem Körper noch die nötige Reife fehlt. In gewisser Weise ist die Halsmauser also ein Indiz dafür, dass der Legebeginn zu früh einsetzt und der Organismus der Junghennen überfordert ist.

DIE MAUSER IST ANSTRENGEND. DAS SIEHT MAN DEN ZWERGHÜHNERN AUCH AN.

Und auch Küken mausern, und zwar bis zum Erwachsenenalter insgesamt dreimal. Bei manchen Rassen und Farbenschlägen, hauptsächlich bei fein gezeichneten, findet mit jeder Mauser ein Wandel im Aussehen statt. Aber spätestens, wenn das Erwachsenengefieder gebildet wurde, gibt es in der Regel keine Veränderung mehr. Lediglich Rassen mit feiner Weißzeichnung, wie verschiedene porzellanfarbige Farbvarianten oder Schwarz-Weiß-Gescheckte, werden mit jeder Mauser heller. Die Mauser kann also bei aller Normalität auch Überraschungen bereithalten.

Die schönsten Zwerghühner

ALTENGLISCHE ZWERG-KÄMPFER

Wer hat Angst vor Zwerg-Kämpfern? Aber nicht doch! Anders als man aufgrund des Namens vermuten könnte, sind Altenglische Zwerg-Kämpfer vor allem Ihren Menschen gegenüber sehr zutraulich. Das Kämpferische kommt eher in ihrer Körperform zum Ausdruck: mit stolz geschwellter, breiter Brust.

Altenglische Zwerg-Kämpfer sind wahre Energiebündel. Wenn sie die Möglichkeit haben, sind sie den ganzen Tag auf Achse, wobei ihr Gang eher trippelnd ist. Gerne nutzen sie aber auch die Chance, einmal über den Zaun zu fliegen.

Haben Sie die Gelegenheit, einen Hahn halten zu können, erleben Sie mit dieser Rasse trautes Familienleben wie aus dem Bilderbuch. Die Hennen brüten gerne, legen dennoch recht ordentlich.

ANTWERPENER BARTZWERGE

Mit einem Gewicht von 600 bis 700 g gehören Antwerpener Bartzwerge zu den ganz Kleinen unter den Zwerghuhnrassen. Typisch für sie ist der kurze Körper mit vorgedrückter Brust, die gesenkten Flügel und der volle Gesichtsbart. Antwerpener Bartzwerge sind sehr zutraulich und neugierig. Dennoch können sie sehr gut fliegen und würden auch auf dem Baum übernachten, wenn man sie ließe. Eine hohe Umzäunung – am besten mit Überspannung von oben – ist also Pflicht, sollen sie in ihrem Auslauf bleiben. Trotz ihrer Kleinheit sind die

Hähne sehr mutig und stellen sich, wenn nötig, jedem in den Weg. Da kann es dann schon einmal vorkommen, dass sie auch gegen Ihre Beine springen. Der Schutz ihrer Hennen geht ihnen einfach über alles. Viele Hennen brüten noch sehr zuverlässig und Sie werden überrascht sein, wie groß die Eier sind.

Aufgrund des Federbartes sollten Sie Antwerpener Bartzwergen kein Weichfutter (Seite 79) anbieten, da die Federn sonst verkleben können.

BIELEFELDER ZWERG-KENNHÜHNER

Der Begriff „Kennhühner" bedeutet, dass man bereits beim Küken das Geschlecht erkennen kann – das gelingt bei den allermeisten Rassen nämlich nicht. Das kann für Sie interessant sein, wenn Sie Küken erbrüten wollen. Doch auch im ausgewachsenen Zustand haben Bielefelder Zwerg-Kennhühner viele Vorteile. Sie sind recht hübsch, legen sehr gut und haben ein schmackhaftes Fleisch. Sie neigen kaum zum Fliegen und besitzen ein ruhiges Wesen.

CHABO

Chabo sind sehr kleine Zwerghühner, die sich durch die steil aufgerichtete Schwanzpartie, kurze Beine und den großen Kamm, vor allem beim Hahn, auszeichnen. Sie werden in ihrer Heimat Japan als besonders schützenswertes Kulturgut angesehen und bilden mit dem traditionellen Japan-Garten eine Einheit. Chabo sind richtige Zwerghühnchen, die es auch mit gelocktem und sogar Seidengefieder gibt.

Durch die kurzen Beine und das sehr ruhige Wesen scharren Chabo so gut wie nicht. Sie können sie auch problemlos in Blumenbeete lassen, ohne befürchten zu müssen, dass Ihre Stauden großen Schaden nehmen. Selbst niedrigste Einzäunungen respektieren die Hühner.

Chabo-Hennen neigen sehr zur Naturbrut und sind fürsorgliche Mütter. Aus diesem Grund wird die Zahl der gelegten Eier nicht besonders hoch sein.

DEUTSCHE ZWERG-LACHSHÜHNER

Deutsche Zwerg-Lachshühner zeigen gleich mehrere besondere Merkmale. So haben sie fünf statt der sonst bei Hühnern üblichen vier Zehen, befiederte Läufe und einen vollen Kehl- und Backenbart. Charakteristisch ist die total unterschiedliche Färbung von Henne und Hahn, zumindest beim lachsfarbigen Farbenschlag, der der bekannteste und beliebteste bei den Zwerg-Lachshühnern ist und der Rasse den Namen gab.

Sie gehören zu den ruhigsten Zwerghuhnrassen überhaupt. Ein sehr niedriger Zaun reicht bei ihnen völlig aus; Zwerg-Lachshühner haben wenig Motiva-

tion darüberzuhüpfen. Sie legen recht große Eier – und das auch noch in stattlicher Zahl. Darüber hinaus muss man auch ihre gute Fleischqualität besonders hervorheben.

Bei der Fütterung sollten Sie allerdings auf Weichfutter verzichten, damit die Bartfedern nicht verkleben.

DEUTSCHE ZWERG-WYANDOTTEN

Sie sind die Zwerghuhnrasse Nummer eins in Deutschland – und das kommt nicht von ungefähr. Im Grunde haben Zwerg-Wyandotten alle Attribute, die sich die meisten Halter von einem Zwerghuhn wünschen: Sie sind sehr robust, werden schnell sehr zahm, fliegen nur wenig, legen viele recht große Eier mit einer Schale in einem angenehmen rosafarbenen Ton und geben selbst noch einen ordentlichen Braten ab. Dazu gibt es Deutsche Zwerg-Wyandotten in mehr als 20 verschiedenen Farbenschlägen, sodass Sie eine riesige Auswahl haben.

Früher war der Bruttrieb stärker ausgeprägt, das wurde mittlerweile etwas weggezüchtet, aber auch heute gibt es immer noch viele Hennen, die konstant brüten.

FEDERFÜßIGE ZWERGHÜHNER

Als „Mille Fleurs" – tausend Blumen – wurde diese Rasse früher beschrieben. Denn bekannt wurde sie durch ihre meist mehrfarbigen Federn mit Tupfen und sogenannten Perlen (Perlen sind kleine Farbpünktchen in andersfarbigen größeren Farbpunkten), doch es gibt auch einfarbige. Gerade bei den Federfüßigen Zwerghühnern sieht eine bunte Herde wunderschön aus.

Sie sind trotz ihrer Federfüße sehr mobil. Ihr Gang ist leicht watschelnd, sie fliegen kaum. Sie scharren auch nur wenig und wenn dabei einmal eine Feder abbricht, macht es nichts. Die Hennen legen recht gut und brüten auch ziemlich zuverlässig. Federfüßige Zwerghühner sind sehr zutraulich, neugierig und gehen regelrecht auf den Menschen zu – eigentlich die idealen Zwerghühnchen, auch bei wenig Platz!

HOLLÄNDER ZWERG-HAUBENHÜHNER

Extravagant umschreibt wahrscheinlich am besten das Aussehen der Holländer Zwerg-Haubenhühner. Sie werden sowohl mit weißer als auch ganz selten mit schwarzer Haube gezüchtet. Je nachdem werden sie entsprechend Weiß- oder Schwarzhauben genannt. Sie zählen an sich zu den Zierrassen, legen aber auf

der anderen Seite auch recht große und viele weiße Eier. Sie haben ein sehr ruhiges, zutrauliches Wesen.

Um die Haube sauber zu halten, sollten sie bei Regen nicht ins Freie gelassen werden. Eine überdachte Voliere ist während dieser Zeit ideal. Wenn Sie dann noch regelmäßig die Haube auf Ungezieferbefall kontrollieren, haben Sie alles getan, damit es den Zwerg-Haubenhühnern gut geht.

MODERNE ENGLISCHE ZWERG-KÄMPFER

Es gibt kaum eine andere Rasse, die solch ein zutrauliches Wesen besitzt, wie die Modernen Englischen Zwerg-Kämpfer. Mit ihnen können Sie so richtig spielen.

Im Gegensatz zu den Altenglischen Zwerg-Kämpfern (Seite 22), die eher eine breite und gedrungene Statur haben, wirken die Modernen Englischen Zwerg-Kämpfer fast wie der Storch im Salat. Von der Statur her sind sie Leichtgewichte und stolzieren mit ihren langen Läufen umher. Sie können zwar fliegen, tun es aber aufgrund ihres ruhigen Wesens eigentlich nicht. Nur am Abend sollten Sie schauen, dass sie im Stall sind und sich nicht ins Gebüsch zurückgezogen haben.

Sie legen sehr große Eier, wenn auch die Anzahl nicht besonders hoch ist – es sind Zierhühner, von denen Sie keine wirkliche Leistung erwarten sollten. Moderne Englische Zwerg-Kämpfer begeistern stattdessen mit ihrem Aussehen und ihrer Freundlichkeit.

SEBRIGHT

Eine der wohl kleinsten und schlanksten Zwerghuhnrassen sind die Sebright. Das macht sie zwar äußerst agil und flink, dennoch sind sie sehr zutraulich, wenn man sich mit ihnen abgibt. Ungewöhnlich an ihnen ist die ganz feine Federsäumung – sie zeichnet diese Rasse besonders aus – und die sogenannte Hennenfiedrigkeit. Das bedeutet, dass auch der Hahn kein Schmuckgefieder zeigt und sich von der Henne nur durch den größeren Kamm und größere Kehllappen unterscheidet. Vom Wesen her ist er aber ein ganz Großer!

Wie fast alle sehr leichten Zwerghühnchen fliegen auch die Sebright gut und gerne. Optimal ist eine Voliere, zusätzlich zum Auslauf, damit sich die Hühnchen nicht auf und davon machen können. Sind Sie daheim, können Sie sie rauslassen und ein Auge darauf haben.

ZWERG-ARAUCANA

Die erstaunten Blicke von Besuchern sind Ihnen gewiss, wenn Sie Zwerg-Araucana halten. Denn ihnen fehlt der Schwanz! Dieses auffallende Merkmal wirkt zunächst ungewohnt. Und der Blick ins Legenest birgt eine zweite Überraschung: grünliche bis türkisfarbene Eier. Zwerg-Araucana sind zutraulich, können aber auch fliegen. Die Rasse gibt es mit Bart oder Bommeln – das sind Federquasten, die aus einer Hautwarze in Ohrnähe wachsen – oder mit beidem und in vielen Farbenschlägen. Die Rasse ist also wirklich außergewöhnlich. Schade, dass sie bisher eher selten gehalten wird.

ZWERG-BARNEVELDER

Zwerg-Barnevelder – benannt nach der niederländischen Stadt Barneveld – sind richtige Nutz-Zwerge: Sie gehören zu den größeren Zwerghuhnrassen, legen viele hellbraune Eier und geben sogar einen ordentlichen Braten ab. Sie sind sehr ruhig und emsige Futtersucher. Das heißt, dass sie auch kräftig scharren. Sie freuen sich über einen größeren Auslauf, kommen aber auch mit kleinerem Platzangebot gut zurecht.

Zwerg-Barnevelder gibt es in verschiedenen Farbenschlägen, wobei vor allem die sogenannten doppeltgesäumten eine Federzeichnung zeigen, die man wirklich als Kunstwerk bezeichnen kann.

ZWERG-BRAHMA

Diese Rasse ist der Riese unter den Zwerghühnern, denn die Tiere wirken ungemein kräftig und hoch – verglichen mit anderen Zwerghuhnrassen. Zwerg-Brahma sind imposant und unterscheiden sich in der Größe kaum von einer leichten großen Hühnerrasse. Sie brauchen also Platz. Es gibt sie in verschiedenen Farbenschlägen.

Zwerg-Brahma fliegen nicht und sind eher gemächlich unterwegs. Durch die Federlatschen an den Läufen beanspruchen sie die Grasnarbe nicht allzu stark. Ein weiterer Pluspunkt kann der ruhige und sonore Krähruf des Hahns sein. Allzu viele Eier kann man von dieser Rasse nicht erwarten, was wahrscheinlich auch damit zusammenhängt, dass es durchaus Hennen gibt, die brüten.

ZWERG-COCHIN

Bis zum sogenannten Boxeraufstand lebten die Zwerg-Cochin nur in den kaiserlichen Gärten Chinas. Von dort als Kriegsbeute mitgebracht haben sie sich zu einer der beliebtesten Zwerguhnrassen entwickelt. Sie werden gerne als „Federbälle" bezeichnet, da sie laut Rassestandard möglichst rund erscheinen sollen. Sie werden in vielen Farbenschlägen und sogar gelockt gezüchtet.

Zwerg-Cochin fliegen nicht, sind sehr ruhig und brüten sehr gerne. Sie können sie problemlos hochnehmen, sie lassen das gerne mit sich machen. Durch die Latschen an den Füßen scharren sie auch nur ganz wenig, sodass Ihr Rasen kaum beansprucht wird.

ZWERG-HAMBURGER

Wenn man von Eleganz bei Zwerghühnern spricht, denkt der Kenner unweigerlich an Zwerg-Hamburger. Sie haben etwas Fasanenhaftes an sich. Sie haben fast immer ein sehr glanzreiches Gefieder, das in der Sonne funkelt. Der Farbenschlag silberlack, also weiß mit schwarzen Tupfen, erinnert an Dalmatiner-Hunde, und ist mit das Schönste, was die Welt der Zwerghühner zu bieten hat. In Ruhe schreiten sie regelrecht durch ihren Auslauf. Aber wehe, sie werden

aufgeschreckt, dann überfliegen sie jeden Zaun. Gerade die Hennen werden dennoch zahm, vor allem wenn sie gerade legen. Dabei ist die Anzahl der Eier recht stattlich. Wer mit Zwerg-Hamburgern liebäugelt, sollte Platz zur Verfügung haben.

ZWERG-ITALIENER

Haben Sie ein Kinderbuch zu Bauernhoftieren zu Hause? Wenn ja, dann sind darin mit Sicherheit rebhuhnhalsige Italiener abgebildet. Die Zwerg-Italiener sind die Kleinausgabe dieses „Vorzeigehahns" und damit so etwas wie der gedankliche Prototyp eines Haushuhnes. Die Rasse gibt es aber auch in vielen anderen Farbenschlägen.

Sie sind beweglich und laufen gerne umher, werden dennoch recht zutraulich und legen vor allem sehr gut. Da sie einen großen Kamm haben, müssen Sie auf eine gute Stalldurchlüftung achten. Sonst kann es aufgrund erhöhter Luftfeuchtigkeit im Winter zu Erfrierungen kommen. Zwerg-Italiener sind für größere Ausläufe perfekt geeignet; bei kleineren Flächen fliegen sie aus Tatendrang gerne mal über den Zaun. Haben sie jedoch Platz, braucht man davor keine Angst zu haben, und die Tiere bleiben in der Regel, wo sie sind.

ZWERG-RHODELÄNDER

Eine der wirtschaftlichsten Rassen, vor allem auch im Winter, sind die Zwerg-Rhodeländer. Sie haben eine stattliche Größe für ein Zwerghuhn. Sie brauchen also entsprechend Platz und auch Futtermengen, um die hohe Eierleistung zu erbringen. Sie haben keinerlei Neigung zum Fliegen und sind auch sonst sehr ruhige Zwerghühner. Zwerg-Rhodeländer gibt es nur in einem Farbenschlag, nämlich in einem vergleichsweise unspektakulär dunklen, glänzenden Rot.

ZWERG-SEIDENHÜHNER

Nein, Zwerg-Seidenhühner haben kein Fell – auch sie haben Federn, doch diese sind von Hause aus so zerschlissen, dass sie fast wie Fell aussehen. Sie regen geradezu zum Streicheln an. Diese besondere Federstruktur erwähnte schon Marco Polo in seinen Reiseberichten nach China.

Die Rasse hat immer einen kleinen Federschopf auf dem Kopf und kann einen Bart haben. Im Gegensatz zu anderen Zwerghühnern haben sie eine schwarze Haut und dunkles Fleisch. Zwerg-Seidenhühner gibt es in mehreren Farbenschlägen, wobei die Weißen wohl am flauschigsten aussehen.

Zwerg-Seidenhühner können aufgrund ihrer besonderen Federstruktur nicht fliegen. Sie brauchen also keinen hohen Zaun und auch keine Sitzstange im Stall. Sie kuscheln sich in einer Ecke auf dem Boden zusammen.

Zwerg-Seidenhühner sind sehr ruhige Zwerghühnchen und „lebende Brutmaschinen“. Wenn Sie also viele Eier wollen, schauen Sie sich lieber nach einer anderen Rasse um. Wollen Sie aber Küken ausbrüten lassen, sind Zwerg-Seidenhühner die erste Wahl.

ZWERG-WELSUMER

Eier, die so groß sind wie bei vielen großen Hühnerrassen, und dazu noch recht viele in der Zahl – dafür sind die Zwerg-Welsumer bekannt. Die braunen Eier haben eine etwas raue Schale mit dunklen Punkten und sind ausgesprochen hübsch.

Vom Aussehen her sind Zwerg-Welsumer ein klassisches Huhn im Zwergformat und das Ganze mit Nutzcharakter – ein ideales Zwerghuhn für den ländlichen Bereich. Es gibt die Rasse in drei Farbenschlägen. Die Hennen sind eher schlicht, die Hähne umso prächtiger. Im Gegensatz zu den Zwerg-Barneveldern sind Zwerg-Welsumer etwas schreckhafter.

Leben in Gemeinschaft

Sind Sie ein eher temperamentvoller Mensch? Dann sollten Sie sich wahrscheinlich nicht auch noch für eine solche Zwerghuhnrasse entscheiden. Sie sehen: Die Rasse muss zu Ihnen passen! Oder ist es andersherum? Aber noch viel wichtiger: Die Hühner müssen untereinander zusammenpassen.

Zwerghühner sind sehr gesellige Tiere, sodass eine Einzelhaltung nicht zur Debatte steht. Selbst wenn sich ein Zwerghuhn Ihnen ganz eng anschließen kann, wäre ein Leben ohne Artgenossen alles andere als arttypisch, ja, ich würde sogar einen Schritt weitergehen und von seelischer Tierquälerei sprechen. Ein Huhn braucht unbedingt Artgenossen um sich herum.

Wie eine richtige Familie

Das hochkomplexe Sozialverhalten von Zwerghühnern kommt erst so richtig zum Tragen, wenn mehrere Hühner zusammenleben – mindestens vier sollten es schon sein. Immer wieder hört man die Frage, ob denn ein Hahn in der Zwerghuhnhaltung nötig sei. Auch wenn er eine ungeheuer wertvolle soziale Funktion ausübt, muss ein Hahn nicht unbedingt dabei sein. Ihre Hennen werden dennoch Eier legen und sind auch ohne Hahn glücklich. Trotzdem kann es vorkommen, dass sie sich vor Ihnen ducken, um begattet zu werden. Nutzen Sie dieses Verhalten und streicheln Sie Ihren Hennen in diesem Fall über den Rücken. Sie scheinen es zu genießen.

Ein Hahn ist nur dann zwingend erforderlich, wenn Sie eigene Küken aufziehen wollen. Und ja, die anfallenden Eier können Sie bedenkenlos essen, egal, ob ein Hahn mitläuft oder nicht. Für viele Menschen ist das Hauptargument gegen einen Hahn das morgendliche Kikeriki. Gerade in Wohngegenden können Sie Ärger mit den Nachbarn bekommen. Oftmals ist es aber auch so, dass sich die Menschen daran erfreuen. Verbinden sie damit doch so etwas wie ein Stück heile Welt. Sie brauchen also nicht aus einer Art vorauseilendem Gehorsam auf einen Hahn verzichten. Vor allem, wenn Sie den Hühnerstall entsprechend isolieren und den „Schreier“ erst gegen 8 Uhr aus dem Stall lassen, gibt es in den seltensten Fällen Anlass zu Ärger.

Entscheiden Sie sich für einen Hahn, haben Sie eine richtige Zwerghuhnfamilie. Der Hahn sorgt dabei für feste Strukturen, schlichtet Konflikte unter den Hennen, lockt bei besonderen Leckerbissen und bewacht seinen Harem.

GROß UND KLEIN BUNT GEMISCHT.

Wenn Sie keine eigenen Küken aufziehen wollen, ist das Verhältnis von einem Hahn zu einer bestimmten Anzahl an Hennen nicht so wichtig. Wollen Sie jedoch Küken, sollten Sie darauf achten, nicht zu viele Hennen zu halten. Nur wenn der Hahn in der Lage ist, alle Hennen zu begatten, ist mit einem guten Befruchtungsergebnis bei den Eiern zu rechnen. In der Praxis werden die Zwerghuhnfamilien meistens aus einem Hahn und zwei bis sechs Hennen gebildet. Als Faustregel sagt man, dass man Hähnen gewichtsmäßig leichter Rassen mehr Hennen beigeben kann als Hähnen schwererer Rassen.

ZWERG-WELSUMER 1,4

In der Fachsprache wird die zusammenlebende Hühnergruppe als „Stamm" bezeichnet. In manchen Verkaufsannoncen oder bei Ausstellungen finden Sie bei Stämmen oft Zahlenangaben, die das Geschlechterverhältnis der Gruppe angeben. Bei „Zwerg-Welsumer 1,4" bietet der Verkäufer zum Beispiel einen Hahn und vier Hennen an.

Eine bunte Gesellschaft

Zwerghuhnzüchter konzentrieren sich fast immer auf eine Rasse und einen Farbenschlag. Ihre Ziele liegen im Erzüchten von möglichst perfekten Rassemerkmalen, wie sie der jeweilige Rassestandard vorgibt. Dabei handelt es sich zum Beispiel um eine exakte Färbung des Gefieders, die rassetypische Körperform, aber auch Wesens- und Leistungsmerkmale. Dazu gehören Farbe und Struktur der Eischale, ein besonders zutrauliches Wesen, konstante Brütereigenschaften usw. Für den Züchter ist es wichtig, dass sowohl Hähne als auch Hennen über möglichst makellose Eigenschaften verfügen, damit diese bei den Nachkommen gefestigt werden (mehr zum Züchten erfahren Sie auf Seite 93).

Wollen Sie sich an einer bunten Hühnerschar erfreuen, können Sie sich wie eingangs erwähnt entweder für Hennen einer Rasse, aber in verschiedenen Farbenschlägen entscheiden oder für verschiedene Rassen. Bei Gruppen innerhalb einer Rasse kommt es selten zu Problemen beim Zusammenleben. Dennoch werden Sie schnell merken, dass zum Beispiel das Temperament von Tier zu Tier unterschiedlich sein kann – obwohl sie ein und derselben Rasse angehören.

Wollen Sie nicht nur verschiedene Farbenschläge, sondern auch verschiedene Rassen halten, müssen Sie etwas überlegter vorgehen. Denn auch wenn allesamt Zwerghühner sind, sind sie doch verschieden. Einen Bernhardiner vergleichen Sie auch nicht mit einem Dackel! Erkundigen Sie sich also bitte im Vorfeld genau.

Grundsätzlich besteht die Chance, alle Hühnerrassen miteinander zu vergesellschaften – Voraussetzung ist dann allerdings ein sehr großer Auslauf, wo sich die Tiere bei Bedarf aus dem Weg gehen können. Ideal ist es, wenn die Rassen von der Größe und vom Temperament her zusammenpassen. Sebright, Bantam, Antwerpener Bartzwerge passen beispielsweise perfekt zusammen. Zwerg-Welsumer, Zwerg-New Hampshire und Deutsche Zwerg-Wyandotten

FEDERFÜßE SIND IMMER FREUNDLICH, GUT GELAUNT UND TOTAL GECHILLT – DAS PASST PERFEKT ZU KINDERN.

bilden ebenfalls ein gutes Team. Eine temperamentvolle Henne, vergesellschaftet mit einigen einer ruhigen Rasse, wird das Wesen etwas annehmen und dennoch schreckhafter als die anderen bleiben.

Sonderfall Haubenhühner

Einzig Zwerg-Haubenhühner sollten nicht mit anderen Rassen gemeinsam gehalten werden. Wird die Haube nass und die Federn hängen herab, kann es vorkommen, dass sie von den anderen am Kopf gepickt und verletzt werden. Im schlimmsten Fall kann sogar die Schädeldecke aufgepickt werden, was zum Tod führen kann. Unterschiedliche Rassen von Zwerg-Haubenhühnern können Sie jedoch problemlos zusammen halten. Da es sie in verschiedensten Farbenschlägen und Zeichnungen gibt, können Sie auch auf diese Weise eine äußerst bunt gemischte Gruppe zusammenstellen.

Zwerghühner und Kinder

Zwerghühner und Kinder – vor Jahren wäre das noch ziemlich ungewöhnlich gewesen. Kinder wollten ein Zwergkaninchen zum Streicheln, einen Hund, eine Katze oder einen Wellensittich, dem sie das Sprechen beibringen konnten. Heute sind Zwerghühner auf der Beliebtheitsskala ganz weit nach oben gerutscht – Hühner sind ungeheuer cool, und zwar für Kinder und Jugendliche jeden Alters. Ja, es gibt sogar Schulen, an denen Zwerghühner gehalten werden. Hier beobachtet man, wie gerne die Jugendlichen sich mit diesen Tieren beschäftigen.

ZWERGHÜHNER UND ANDERE TIERE

Wie Ihre Hühnchen und andere tierische Bewohner zusammenpassen und was Sie beachten müssen, erfahren Sie auf Seite 73.

Zwerghühner sind ideale Haustiere, und zwar für die ganze Familie. Schon nach kurzer Eingewöhnung stehen die Zwerghühner am Auslauf, wenn die Kinder kommen. Sie gehen eine sehr enge Bindung mit ihren Menschen ein und lassen sich normalerweise geduldig streicheln. Natürlich sind hier ruhige Rassen besser geeignet als temperamentvolle. Ideale „Kinder-Zwerghühner“ sind zum Beispiel Zwerg-Cochin, Federfüßige Zwerghühner und Deutsche Zwerg-Wyandotten.

Und das Bild vom unberechenbaren Hahn, der weinenden Kindern hinterherjagt, hat auch ausgedient – die richtige Rasseauswahl vorausgesetzt. Selbst wenn Kinder allein zu ihren Zwerghühnern gehen, muss man bedingt durch die Form und Größe des Schnabels eines Zwerghuhns und die fehlende Neigung, damit zu hacken, keine Angst vor Verletzungen oder Erschrecken haben.

Im Gegensatz zu vielen anderen Haustieren können Kinder ab dem zehnten Lebensjahr selbstverantwortlich ein paar Zwerghühner betreuen und versorgen, sofern Sie als Eltern die Pflege überwachen. Durch ihren Familienverband sind Zwerghühner wesentlich eigenständiger als die meisten anderen Haustiere. So sind sie nicht auf die mehrmals tägliche Ansprache ihrer Betreuungsperson angewiesen.

Zwerghühner

nome

Bevor der große Tag vor der Tür steht, an dem die Zwerghühner endlich Einzug halten, gilt es erst einmal das richtige Umfeld zu schaffen – Indoor wie Outdoor – sowie Futter und Equipment zu besorgen. Wenn das alles erledigt ist und die Tiere sich eingelebt haben, stellt sich schnell eine gewisse Routine ein. Wer den Stall und die „Versorgungsstation", wo Hühnerfutter und Einstreu lagern und das Futter hergerichtet wird, schlau geplant hat, braucht noch nicht einmal eine Stunde täglich für die wichtigsten Handgriffe zur Versorgung seiner Zwerghühner.

Zwerghühner kaufen

Trotz relativer Anspruchslosigkeit der Tiere und eines vergleichsweise niedrigen Kaufpreises sollten Sie sich den Kauf von Zwerghühnern gut überlegen. Schließlich gehen Sie damit eine Verpflichtung ein – und zwar für mehrere Jahre, sofern Sie die Zwerghühner nicht schlachten wollen.

Wenn Sie sich zur Anschaffung von Zwerghühnern entschieden haben, müssen Sie sich neben der Unterbringung und Versorgung auch über die Tiere an sich im Klaren werden: Welche Rasse soll es sein? Und wo können Sie Junghühner bekommen?

Die Eigenheiten der Rassen

Es gibt wie bereits erwähnt eine große Vielfalt an Zwerghuhnrassen. Zuerst orientiert man sich sicherlich am Aussehen: Welche Zwerghuhnrasse finden Sie richtig hübsch? Das allein genügt aber nicht als Auswahlkriterium. Sie sollten sich vor der Anschaffung unbedingt über die Eigenheiten und spezifischen Haltungsanforderungen Ihrer Wunschrasse informieren. Am sinnvollsten ist es deshalb, sich schon vor dem eigentlichen Kauf mit Züchtern zu unterhalten. Sie sind meistens richtige Spezialisten, wenn es um ihre Rasse geht. Fragen Sie sie ruhig „Löcher in den Bauch“.

Am besten vom Züchter

Auch wenn vereinzelt Hühner in Tierheimen auf ein Zuhause warten, ist der beste Weg, zu einem Züchter zu gehen. Züchter sind fast immer in Kleintierzüchtervereinen organisiert, die Sie in fast jeder Gemeinde finden. Selbst wenn dort die von Ihnen gewünschte Rasse nicht gezüchtet wird, können Ihnen die Mitglieder fast immer weiterhelfen, da häufig gute Vernetzungen unter den Vereinen oder Bekanntschaften über Ausstellungen bestehen.

Hat es Ihnen eine Rasse ganz besonders angetan, ist es am sinnvollsten, den Kontakt zu einem sogenannten Sonderverein herzustellen, denn dort sind die Züchter dieser einen Rasse oder gar nur eines Farbenschlages des gesamten Bundesgebietes organisiert. Eine Anfrage bei einem Züchter in Ihrer Nähe klärt dann sehr schnell, ob oder wann dieser Jungtiere abgeben würde.

Bekannte Verkaufsportale im Internet bieten ebenfalls häufig Zwerghühner an. Überlegen Sie bitte ganz genau, ob Sie lebende Tiere aus dem Internet kaufen wollen. Leider haben einige schwarze Schafe die Begeisterung für Zwerghühner erkannt und wollen dies für Ihre Zwecke nutzen. Fehlt Ihnen die Erfah-

WELCHE HÜHNCHEN NEHMEN WIR DENN ...?

rung, können Sie hier mächtig reinfallen. Sicherer ist meistens der Weg zum Kleintierzuchtverein.

Wann immer Sie die Möglichkeit haben, sollten Sie eine Kleintierausstellung besuchen. Diese finden fast immer in den Monaten September bis Januar statt. Dort können Sie sich Ihre Wunschrasse in natura ansehen und unter Umständen bekommen Sie hier auch den ersten Kontakt zu „Ihrem" Züchter.

Haben Sie sich gut informiert und Ihr Entschluss, sich Zwerghühner anzuschaffen, steht fest, Stall und Ausstattung (Seite 49) stehen bereit, müssen Sie nur noch beim zuständigen Veterinäramt Ihre Zwerghuhnhaltung anmelden. Sie beantragen dort eine Tierhalternummer; dies ist in der Regel kostenlos und ohne große Bürokratie zu bewerkstelligen.

Das optimale Alter

In welchem Alter Sie Ihre Zwerghühner zu sich nehmen, bleibt eigentlich Ihnen überlassen. Aber bedenken Sie: Je jünger, desto aufwendiger. Sinnvoll ist es gerade für den Anfänger, keine Küken zu kaufen – auch wenn die noch so niedlich und billig sind. Sie bräuchten eine künstliche Wärmequelle und meist auch zusätzlich gesicherte Ausläufe. Damit ist der Hühner-Einsteiger schnell überfordert. Frühestens sollte man Jungtiere im Alter von etwa zehn Wochen zu sich nehmen. Viele Züchter geben dann Tiere, die nicht ganz den Ausstellungsstandard erfüllen – was für Hobbyhalter unbedeutend ist –, günstig ab. In diesem Alter ist dann auch das Geschlecht zweifelsfrei zu bestimmen. Das ist wichtig, damit Sie nicht auf einmal mit mehreren Junghähnen dastehen.

Möchten Sie Junghennen haben, die bereits in Kürze zu legen beginnen, sollten die Tiere bereits rund sechs Monate alt sein. Stimmen dann noch die Haltungs- und Fütterungsbedingungen, können Sie sich bald über die ersten Eier freuen.

Gesunde Hühner erkennen

Kaufen Sie nur gesunde Zwerghühner und keinesfalls Tiere aus Mitleid. Wenn Sie zum Beispiel mit den Haltungsbedingungen beim Verkäufer nicht einverstanden sind, lassen Sie die Finger davon.

Selbst wenn Sie noch nicht viel Ahnung von Zwerghühnern haben, merken Sie gleich, wenn die Tiere nicht fit sind: Sie sitzen teilnahmslos, mit eingezogenem Kopf und struppigem Gefieder herum. Die Augen dürfen nicht geschwollen sein oder Ausfluss zeigen. Auch sollten Sie aufmerksam sein, wenn die Zwerghühner niesen. Das kann ein Hinweis auf den ansteckenden Geflügelschnupfen sein. Ein Blick auf den Bereich der Kloake lohnt sich außerdem: Eventuell sehen Sie hier Läuse oder schwärzliche Verkrustungen, die Rückstände der Nordischen Vogelmilbe sein können. Weitere Merkmale kränkelnder Tiere finden Sie auf Seite 95.

Fragen Sie den Verkäufer außerdem nach durchgeführten Impfungen. Die Newcastle-Schluckimpfung ist viermal jährlich Pflicht (Seite 97). Unter Umständen sind die Zwerghühner auch gegen Kokzidien, Mareksche Lähme und Infektiöse Bronchitis (IB) geimpft. Gerade die Impfung gegen Kokzidien ist heute weit verbreitet und hat Folgen für die weitere Fütterung. Solche Zwerghühner dürfen nämlich kein Futter mit sogenanntem Kokzidiostatika erhalten, da sonst der Impfschutz hinfällig ist (fragen Sie in diesem Fall Ihren Futterhändler).

Grundsätzlich müssen alle Tiere eines Züchters einen lebhaften, aufgeweckten und neugierigen Eindruck machen. Nicht erschrecken sollten Sie darüber, dass viele Rassen im Jugendgefieder farblich völlig anders aussehen als im ausgewachsenen Zustand mit sechs bis sieben Monaten. Auch ist das Jugendgefieder gerne etwas rau, solange es nicht ausgewachsen ist – das ist keinesfalls ein Hinweis auf eine Krankheit.

Und unterhalten Sie sich mit dem Züchter! Sie merken sehr schnell, wie intensiv er sich mit seinen Zwerghühnern beschäftigt und ob er ausreichend Wissen hat. Nur dann sollten Sie Zwerghühner bei ihm kaufen.

Und noch ein Tipp: Fragen Sie den Verkäufer unbedingt nach dem bisherigen Futter, um den Zwerghühnern einen allzu abrupten Futterwechsel zu ersparen. Seriöse Züchter geben Ihnen sicher gerne eine Ration für die ersten Tage mit.

VORSICHT BEI KÜKEN

Erfahrene Züchter können bei einigen Zwerghuhnrassen bereits bei Küken das Geschlecht mit ziemlicher Sicherheit bestimmen. Seien Sie vorsichtig, wenn Sie bei einem sogenannten „Kükenmarkt“ einkaufen wollen. Die Gefahr, dass sich sehr bald mehrere Junghähne bei Ihnen tummeln, ist erfahrungsgemäß groß. Davon abgesehen ist das Aufziehen von Küken für Einsteiger nicht einfach; ohne Wärmelampe und weiteres Equipment geht es gar nicht.

DIESE NEUN WOCHEN ALTEN ZWERGE BEKAMEN VOM ZÜCHTER NOCH KÜKENFUTTER MIT UND SO HABEN SIE DEN UMZUG INS NEUE ZUHAUSE GUT ÜBERSTANDEN.

Lebensraum fürs Federvieh

Wer Zwerghühner halten möchte, will Freude an ihnen haben. Das gelingt nur, wenn sich die Tiere bei Ihnen wohlfühlen. Das Lebensumfeld Ihrer Hühner sollte sich dabei möglichst harmonisch in Ihre Gartenwelt einfügen. Die Zeiten, in denen Hühner ins hinterste Eck zwischen allerlei Gerümpel verbannt wurden, sind Gott sei Dank vorbei.

Trotz aller Anspruchslosigkeit, die Zwerghühner auszeichnet, sollten Sie alles unternehmen, um es Ihren Tieren so gut wie möglich gehen zu lassen. Sie werden es Ihnen danken und alle erdenklichen Vorzüge entwickeln: Zutraulichkeit, schönes Gefieder und nicht zuletzt die rassetypische Legeleistung. Zwerghühner sind nämlich auf breiter Basis vom Nutz- zum Heimtier geworden. Sie stellen Ansprüche, wie einen abwechslungsreich strukturierten Lebensraum, und tragen so ganz nebenbei auch einen Teil zur Freizeitgestaltung ihrer Halter bei.

EIN WECHSEL AUS SONNIGEN FLÄCHEN, STRÄUCHERN UND BÄUMEN IST IDEAL – NICHT NUR FÜR FEDERFÜßIGE ZWERGHÜHNER.

Licht, Luft und Sonne

Ihre Zwerghühner sind geradezu vernarrt in Licht, Luft und Sonne. Für Sie bedeutet das, dass Sie alles unternehmen sollten, um Ihren Zwerghühnern diese drei Faktoren in ausreichendem Maß zu bieten. Äußerst sinnvoll ist es, wenn Sie den Stall mit großer Fensterfläche planen. Im Idealfall sollten die Sonnenstrahlen die Möglichkeit haben, bis in die hinterste Ecke des Stalles zu gelangen. Wenn Sie die Chance haben, Ihren Stall neu zu bauen und den Standort frei zu wählen, richten Sie es bitte so ein, dass die Fensteröffnung nach Südosten zeigt. Die ersten Strahlen der Morgensonne fördern die Vitalität Ihrer Zwerghühner. Das alte Sprichwort von Hühnerhaltern „Wo die Sonne hinkommt, ist der Tierarzt weit", hat bis zum heutigen Tag nichts von seiner Aktualität verloren.

Obwohl Zwerghühner die Sonne regelrecht lieben, sollten Stall und Auslauf so gestaltet sein, dass sie direkter, starker Sonneneinstrahlung nicht dauerhaft ausgesetzt sind. Denn Hühner können nicht schwitzen und sich auf diese Weise abkühlen. Aber auch das andere Extrem ist für Zwerghühner nicht gesund: Keinesfalls dürfen Auslauf und Stall so schattig sein, dass sich Staunässe bilden kann. Ist der Auslauf nicht optimal, gibt es ein paar Möglichkeiten zur Verbesserung wie die Pflanzung Schatten spendender Bäume und eine eventuelle Entwässerung des Auslaufes mit Drainageschläuchen.

Neben Licht und Sonne benötigen Ihre Zwerghühner viel frische Luft. Wann immer möglich, sollte ein häufiger Luftaustausch und eine Zufuhr von Frischluft im Stall stattfinden können. Optimal ist ein Fenster, dass man im Sommer komplett aushängen kann (man sichert die Öffnung vor Marder und Co. durch ein engmaschiges Drahtgeflecht; mehr dazu auf Seite 56). Außerdem sollten Sie Lüftungsschlitze, bei denen man sich die sogenannte Schwerkraftlüftung zunutze macht, einplanen.

SCHWERKRAFTLÜFTUNG

Bei der Schwerkraftlüftung nutzt man das Phänomen des Aufsteigens warmer Luft. An dem tiefer angebrachten Lüftungsschlitz tritt kältere, frische Luft in den Stall ein und sinkt ab, erwärmt sich und steigt dann nach oben. Dort strömt sie über höher gelegene Lüftungsschlitze wieder ins Freie.

Noch mehr als im Sommer ist die Lüftung im Winter wichtig. Durch das Ausatmen der Hühner wird Feuchtigkeit abgegeben, die sich auf Kämmen und Kehllappen niederschlägt und dort zu Erfrierungen führen kann. Außerdem kann es dadurch zu einem schlechten Stallklima kommen und in dessen Folge

AUCH IM WINTER DÜRFEN UND SOLLEN ZWERGHÜHNER INS FREIE. SIE SIND ROBUST UND KÖNNEN KÄLTE GUT AUSHALTEN – BESSER ALS EXTREME HITZE.

zu Erkrankungen wie zum Beispiel Schnupfen. Haben Sie keine Angst: Ihre Zwerghühner frieren nicht! Ihr Gefieder schützt sie perfekt. Lassen Sie also auch im Winter zumindest die Lüftungsschlitze für einen Luftaustausch offen.

Egal, zu welcher Jahreszeit: Sobald Sie den Eindruck haben, dass es in Ihrem Hühnerstall feucht und stickig ist, müssen Sie die Lüftung überdenken. Mehr Informationen zum optimalen Stall finden Sie auf den nächsten Seiten.

Raus ins Grüne

Obwohl in der wirtschaftlichen Hühnerhaltung die reine Stallhaltung fast immer noch die Regel ist, widerspricht sie dem eigentlichen Bedürfnis der Zwerghühner. Für den Hobbyhalter kommt die reine Stallhaltung auf jeden Fall nicht infrage. Um Ihren Zwerghühnern einen möglichst artgerechten Lebensraum zu bieten, ist die Kombination von Stall- und Auslaufhaltung ideal. Dabei kann grundsätzlich gelten: Je größer Stall und Auslauf, desto besser ist dies für das Wohlbefinden Ihrer Zwerghühner.

Sie werden schnell merken, dass sich Ihre Zwerghühner bevorzugt im engeren Umfeld des Stalles aufhalten. Sie entfernen sich nur dann etwas weiter,

JEDE MENGE PLATZ FÜR DIESE ZWERG-REICHSHÜHNER UND ZWERG-WELSUMER IST EIN GARANT DAFÜR, DASS DER AUSLAUF GRÜN BLEIBT.

wenn die Fläche durch Büsche, Bäume, Versteckmöglichkeiten usw. strukturiert ist. Selbst dann fallen bestimmte Regionen auf, die sie besonders lieben.

Das Hauptproblem eines Auslaufs ist immer, dass die Grasnarbe ständig beansprucht wird. Gerade bei großer Trockenheit oder längeren Regenperioden kann es schnell dazu führen, dass aus einem schönen grünen Auslauf eine regelrechte Steppe wird. Es ist also sehr wichtig, dass sie die Anzahl Ihrer Zwerghühner an die Auslauffläche anpassen. Je nach Größe Ihrer Zwerghühner kann das unterschiedlich sein. Wenn Sie mit etwa 10 m² pro verzwergter Rasse (Zwerg-Barnevelder, Zwerg-Welsumer usw.) rechnen, müssten sie zurechtkommen.

Optimal ist es, wenn Sie die Auslauffläche unterteilen können und Ihre Zwerghühner die verschiedenen Teile des Auslaufs nacheinander und somit nur zeitweise nutzen. In den abgesperrten Arealen kann sich dann die Grasnarbe erholen.

Und auch wenn es verlockt, den Auslauf parallel als Abstellfläche zu nutzen: Lassen Sie keine unnützen Gerätschaften herumstehen, sonst könnten sich Ihre Zwerghühner verletzen.

Das große Plus: der Kaltscharrraum

Das verstärkte Aufkommen der Vogelgrippe hat dazu geführt, dass Ihre Zwerghühner aus tierseuchenrechtlichen Gründen höchstwahrscheinlich in regelmäßigen Abständen einer Stallhaltungspflicht unterliegen werden. Dann wird behördlich angeordnet, dass sämtliches Nutzgeflügel in einem bestimmten Landkreis im Stall zu bleiben hat, um einer Ansteckung und damit einem Weitertragen des Vogelgrippe-Virus vorzubeugen. In den letzten Jahren hat sich deshalb immer mehr der Bau eines sogenannten Kaltscharrraumes vor dem eigentlichen Stall bewährt. Dieser ist wie eine Voliere vollständig mit engmaschigem Draht überzogen, sodass Wildvögel nicht eindringen können. Das

KALTSCHARRRAUM IM KLEINSTALL – DER STALL SCHLIEßT SICH LINKS AN (SIEHE SEITE 51) UND STEHT AUF STELZEN, SODASS DIE ZWERGHENNEN UNTEN DIE DOPPELTE FLÄCHE ZUM SCHARREN HABEN.

Dach muss so geschlossen sein, dass kein Wildvogelkot, der mit als Überträger des Virus gilt, hineinfallen kann. Während der Stallhaltungspflicht ist es Ihnen dann erlaubt, Ihre Zwerghühner auf diese Weise trotzdem ins Freie, eben in den Kaltscharrraum, zu lassen. Ein weiterer Pluspunkt dieser Einrichtung: Wenn es einmal längere Zeit regnet und Sie fürchten, dass Ihre Auslauffläche zu stark in Mitleidenschaft gezogen wird, lassen Sie Ihre Zwerghühner nur in den Kaltscharrraum und schonen den Auslauf. Der Kaltscharrraum ist ein gutes Beispiel, wie aus einem Problem ein Pluspunkt resultieren kann.

Einen Stall bauen

Wer Zwerghühner halten will, braucht einen geeigneten Stall. Aus Zeiten, in denen die private Hühnerhaltung normal war, findet man auf vielen Grundstücken vor allem in ländlichen Gegenden noch alte Hühnerställe, die sich immer noch für Zwerghühner eignen. Was liegt also näher, als diese wieder in Betrieb zu nehmen?

Hühnerställe von anno dazumal, die heute oft als Gerätschuppen dienen, sind ein Segen für Hühnerhalter in spe. Denn meistens reichen schon ganz leichte Baumaßnahmen im Innenbereich aus, möglicherweise ein neuer Anstrich – und schon kann es losgehen. Haben Sie diese Möglichkeit nicht, müssen Sie sich über einen zweckmäßigen Neubau Gedanken machen. Aber auch das ist kein Hexenwerk.

Ein paar Gedanken vorab

Um böse Überraschungen zu vermeiden, ist es vor allen weiteren Überlegungen anzuraten, sich bei der örtlichen Baubehörde nach den entsprechenden rechtlichen Bestimmungen zu erkundigen. Diese können von Bundesland zu Bundesland durchaus verschieden sein. Entscheidend kann sein, in welchem Baugebietstyp Sie wohnen. Hier geht es einzig und allein darum, wie die schriftlichen Festsetzungen lauten und leider nicht nach mündlichen Aussagen von Nachbarn beziehungsweise dem persönlichen Empfinden. So gibt es zum Beispiel schon einen Unterschied zwischen einem „allgemeinen" und einem „reinen Wohngebiet". Für die baurechtliche Realität bedeutet dieser Unterschied Welten. Grundsätzlich kann man davon ausgehen, dass neben den baurechtlichen Dingen manchmal auch der Charakter des Ortes – also eher städtisch oder dörflich –, die Auslegung der örtlichen Baubehörde und manchmal sogar die Einstellung Ihrer Nachbarn eine Rolle spielen. Gerade Letztere haben bisweilen im Vorfeld Bedenken bei einer Zwerghuhnhaltung. Hier kann ich Ihnen nur raten, Ihre Nachbarn offen anzusprechen. Sagen Sie deutlich und klar, was Sie vorhaben. Viele befürchtete Probleme können Sie bereits im Voraus aus dem Weg räumen. Aus der Erfahrung heraus, kann ich sagen: Auch hier wird nichts so heiß gegessen, wie es gekocht wird. Viele haben schlicht und einfach Angst um ihren Schlaf, weil sie mehrere Hähne befürchten. Wenn Sie zum Beispiel erklären, dass Ihr Stall gut isoliert ist und der Hahn erst gegen 8 Uhr, sonntags erst ab 9 Uhr herausgelassen wird, sieht die Sache oft schon ganz anders aus. Übrigens: Spätestens wenn Sie Zwerghühner haben, werden Sie merken, welche Wunder ein paar Eier als Geschenk an Ihre Nachbarn wirken. Ich kenne Zwerghuhnhalter, bei denen sich die zunächst skeptischen Nachbarn darum „schlagen", wer die Zwerghühner in der Urlaubszeit versorgen darf.

Platz ist in der kleinsten Hütte

Wenn Sie den unterschiedlichen Größenrahmen von Zwerghühnern beachten, hat die passende Zwerghuhnrasse wirklich Platz in der kleinsten Hütte. So gibt es Rassen, die kaum mehr Gewicht als ein Meerschweinchen auf die Waage bringen und entsprechend auch nicht viel Platz brauchen – Antwerpener Bartzwerge, Chabo und Bantam zum Beispiel. Bei diesen Rassen kann man bei einem kleinen Stamm aus einem Hahn und vier Hennen mit knapp 2 m² Stallfläche durchaus zurechtkommen. Bei größeren Zwerghuhnrassen, wie Deutschen Zwerg-Wyandotten, Zwerg-Rhodeländern und Zwerg-Brahma, muss es schon etwas mehr sein. Ihre Maßgabe sollte dabei immer sein, zu welchem Zweck der Stall dient. Haben Sie einen zusätzlichen Kaltscharrraum, der den Zwerghühnern ständig zur Verfügung steht, oder müssen bei einer angeordneten Stallhaltung Ihre Zwerghühner über einen längeren Zeitraum im Stall gehalten werden? Wollen Sie Ihr Futter im Stall lagern oder ist er wirklich nur für die Unterbringung Ihrer Zwerghühner ausgelegt?

EIN GEMAUERTER STALL HAT WINTERS WIE SOMMERS VORTEILE.

Wenn Sie genügend Platz haben, bauen Sie den Stall so, dass Sie ihn begehen und bequem darin stehen können. Das erleichtert die Kontrolle Ihrer Zwerghühnchen und die Reinigung des Stalles ganz erheblich. Vor allem bei Regenphasen und im Winter wissen Sie das sehr bald zu schätzen. Ist das nicht möglich, sollten Sie dennoch versuchen, den Dachvorsprung etwas üppiger zu planen.

Den Platz am Eingang zu Ihrem Zwerghuhnstall beziehungsweise den angedachten Versorgungsplatz sollten Sie so gestalten, dass er nach einem Regenfall nicht gleich zum Matschloch wird. Ein paar Gehwegplatten reichen aus – Ihr Schuhwerk ist gerettet.

Gekauft oder selbst gezimmert

Die zunehmende Beliebtheit von Zwerghühnern hat dazu geführt, dass man immer mehr Anbieter von Fertigställen findet. Leider ist die Qualität der meisten davon so schlecht, dass ihre Haltbarkeit mehr als beschränkt ist. Lange

EIN PERFEKT DURCHDACHTER UND SELBST GEZIMMERTER KLEINSTALL.

werden Sie daran keine Freude haben. Da ist es für Sie wesentlich sinnvoller, eine Holzhütte aus dem Baumarkt zu kaufen und diese mit ganz wenig Aufwand für Ihre Zwerghühner zur regelrechten „Villa“ werden zu lassen. Mit etwas handwerklichem Geschick können Sie natürlich auch Ihren ganz persönlichen Zwerghuhnstall von Grund auf bauen – für manch einen ist das eine große Befriedigung und Freude.

Sind Sie selbst dazu nicht in der Lage, kann Ihnen ein Zimmerer mit Sicherheit Ihren Traum-Zwerghuhnstall bauen. Dieser ist auf den ersten Blick eventuell teurer, hat aber mehrere Vorteile. Sie können Ihren Stall den örtlichen Gegebenheiten ideal anpassen. Sie können ihn so planen, dass er unter Umständen zu einem späteren Zeitpunkt für einen anderen Zweck umgenutzt werden kann. Die Haltbarkeit ist bei etwas regelmäßiger Pflege im Grunde unendlich und zu guter Letzt ist jeder individuell gebaute Stall ein Unikat – eben Ihr Zwerghuhnstall!

Die meisten Zwerghuhnställe werden aus Holz in sogenannter Ständerbauweise erstellt. Holz hat den Vorteil, dass es sich leicht bearbeiten lässt. Selbstverständlich können Sie auch mit Steinen mauern oder gar einen Fachwerkstall erstellen. Der Fantasie sind hier wirklich keine Grenzen gesetzt. Nur Metall bietet sich nicht an, zum Beispiel auch nicht die Umnutzung eines Blech-Gerätehauses. Wenn im Sommer die Sonne darauf steht, wird es im Inneren viel zu heiß für die Tiere. Auch die im Handel angebotenen Ställe aus Kunststoff halten wir nicht für geeignet. Sie lassen sich zwar einfach reinigen, aber das für die Gesundheit der Tiere wichtige Stallklima ist sommers wie winters problematisch.

Fundament und Boden

Die Basis eines jeden Zwerghuhnstalles ist ein befestigter Boden. Auch wenn das etwas mehr Arbeit bedeutet, sollten Sie hier die zusätzliche Mühe aufwenden. Denn die Gefahr, dass sich unter dem Stall Ungeziefer in Form von Mäusen und Ratten einnistet, ist selbst bei größter Sauberkeit immer gegeben. Umso mehr, wenn zum Beispiel in der Nachbarschaft ein Komposthaufen vorhanden ist, auf dem auch Essensreste entsorgt werden. Ein Betonboden mit entsprechendem Fundament ist daher die beste Wahl.

Bautechnisch muss ein Fundament frostsicher sein. Das heißt, dass es bis auf eine Tiefe von 80–100 cm hinabreichen muss. Für einen Zwerghuhnstall wird das höchstwahrscheinlich in den seltensten Fällen gemacht. Die milden Winter tun ihr Übriges. In der Regel wird man ein etwa 50 cm tiefes Fundament vorsehen, aber genaugenommen reicht eine Spatenlänge, also etwa 30 cm, aus. Nun wird entweder das Fundament und dann die Bodenplatte oder beides zusammen mit Brettern eingeschalt und mit Beton ausgegossen. Etwas eingebrachter Baustahl zur Bewährung sorgt für Stabilität. Die eigentliche Bodenplatte sollte etwa 10 cm dick sein.

Eine Alternative kann es sein, die Schalung mit sogenannten Tiefbord- oder Rasenkantensteinen aus Beton zu erstellen. Sie gibt es in verschiedenen Stärken und Höhen, sie sind aber immer 1 m lang. Sie können mit erdfeuchtem Beton und einem Gummihammer einfach fixiert werden. Übrigens: Wenn Sie noch nie mit Beton gearbeitet haben, ist diese Vorgehensweise sinnvoll, da die zu verarbeitenden Mengen überschaubar sind. Am sinnvollsten verwenden Sie dazu fertigen Betonmörtel als Sackware. Und scheuen Sie sich nicht, Hilfe in Anspruch zu nehmen. Es ist noch kein Meister vom Himmel gefallen.

Haben Sie im Stall eine Tiefstreu vorgesehen (Seite 65), können Sie diese direkt auf dem Betonboden verteilen. Ansonsten ist es sinnvoll, auf die Betonplatte eine Schicht Dachpappe als Feuchtigkeitssperre aufzulegen und darauf dann eine Mehrschichtplatte aus Holz.

Wollen Sie Ihren Zwerghuhnstall auf Stelzen stellen, sodass der Boden zum Beispiel in angenehmer Arbeitshöhe liegt, können Sie natürlich anders vorgehen. Direkt in das Erdreich eingeschlagene Metallhülsen, wie sie für den Zaunbau verwendet werden, sind hierzu ideal. Sie können auch sogenannte KG-Rohre in den Boden eingraben und diese mit Beton ausgießen. Wichtig ist immer, dass der Stall stabil steht und die Stützen vor

EIN PAAR TIPPS

Diese Dinge sollten Sie sich bei der Planung vor Augen halten:

- Sie müssen den Stall regelmäßig reinigen, daher sollte er praktisch eingerichtet sein und nach Möglichkeit nicht zu klein.
- Ein von der Stalltür weit entferntes Legenest bedeutet in der Regel immer, dass Sie den Stall voll betreten müssen (Tretminen-Alarm!).
- Viele Winkel und Ritzen bieten Parasiten jede Menge Versteckmöglichkeiten, zum Beispiel den Roten Vogelmilben.
- Ein Stromanschluss im Stall ist sinnvoll: für Beleuchtung und gegebenenfalls einen Tränkenwärmer für den Winter (Seite 63).

DER STALL STEHT AUF STELZEN – GENUG PLATZ FÜR DIE ZWERGE AUCH BEI SCHLECHTWETTER.

Verwitterung geschützt sind. Aus diesem Grund sollten Sie zum Beispiel die Holzstützen nicht direkt auf das Erdreich stellen. Früher oder später würde der Stall absacken.

Wandkonstruktion und Dämmung

Für die Wandkonstruktion haben sich Kanthölzer bewährt. Konstruktionsvollholz (KVH) ist zwar etwas teurer, hat aber gegenüber dem normalen Kantholz den Vorteil, dass es kaum windet. Gerade für Laien ist es einfacher zu verarbeiten. Bei begehbaren Ställen sollten Sie eine Seitenstärke von mindestens 8 cm verwenden; bei kleineren Ställen genügen auch 6 cm. Die Kanthölzer können Sie entweder mit kleinen Metallwinkeln verbinden oder aber direkt durchschrauben. Mit heutigen Akku-Schraubern und entsprechend langen Schrauben ist das kein Problem.

AUSSCHLUPF AUS DEM KALTSCHARRRAUM IN DEN AUSLAUF.

Für die Außenschalung können Sie Ihrer Fantasie freien Lauf lassen. Entweder Sie verwenden sägeraue Bretter für eine Stülpschalung, Nut-und-Feder-Bretter, die es in den verschiedensten Profilen gibt, HPL-Platten (High-Pressure-Laminat) oder Ähnliches. Nehmen Sie einfach, was Ihnen am besten gefällt und womit Sie gut umgehen können.

Für die Innenverschalung sollten Sie auf jeden Fall auf Plattenware zurückgreifen. Das hat den riesigen Vorteil, dass möglichst wenig Stöße entstehen und damit beispielsweise die Rote Vogelmilbe wenig Unterschlupfmöglichkeiten findet. Spätestens, wenn Sie einmal mit diesen Plagegeistern zu tun hatten, wissen Sie diese Vorteile zu schätzen. Aber bitte verwenden Sie keine OSB-Platten. Sie sind zu rau an der Oberfläche. Greifen Sie stattdessen zu Sperrholz-, Dreischicht- oder Siebdruckplatten.

Eine intensive Diskussion wird immer darüber geführt, ob der Zwerghuhnstall gedämmt werden sollte oder nicht. Um es klar zu sagen: Ihre Zwerghühner brauchen es nicht. Sie kommen mit Kälte problemlos zurecht. Auch deutliche Minusgrade machen ihnen nichts aus, sofern der Stall gut belüftet ist. Für eine Dämmung spricht eher, dass sich der Stall im Sommer nicht so stark aufheizt und vor allem der Aspekt der Lärmdämmung. Gerade wenn Sie mit dem Gedanken spielen, einen Hahn zu halten, kann die Dämmung die frühmorgendliche Geräuschkulisse erheblich reduzieren. Wenn Sie sich dazu entschließen, Ihren Zwerghuhnstall zu dämmen, dann achten Sie aber bitte unbedingt darauf, dass kein Ungeziefer wie Mäuse eindringen kann. Ist das erst einmal passiert, bekommen Sie das Problem nicht mehr in den Griff. Die These, dass sich Mäuse nicht in sogenannter Glaswolle aufhalten, kann man getrost ins Reich der Märchen verbannen. Mäuse fühlen sich überall wohl. Erkundigen Sie sich am besten nach geeigneten Dämmstoffen und ihren Dämmwerten im Baumarkt oder Fachhandel und wählen Sie dann den für Sie passenden aus. Und noch ein Wort zur Tür: Haben Sie einen begehbaren Stall, konstruieren Sie die Tür so breit, dass Sie mit der Schubkarre hindurchfahren können. Das erleichtert das Ausmisten ungemein. Die Hühner bekommen meist eine eigene kleine „Hühnertür", den Ausschlupf.

Ausschlupf und Windfang

Sie brauchen natürlich auch einen Ausschlupf, also den Ein- und Ausgang für Ihre Zwerghühner. Hier ist eine Öffnung von 30 x 30 cm in der Wand praktisch. Der Ausschlupf sollte zu verschließen sein: am einfachsten mit einem Schieber, eine verschließbare Minitür geht natürlich auch. Bitte achten Sie darauf, dass der Schieber genügend Gewicht hat oder extra gesichert werden kann. Sonst kann es Ihnen passieren, dass bei Nacht ein Fuchs, ein Waschbär oder auch ein Marder den Schieber anhebt und unter Ihren Zwerghühnern ein Blutbad anrichtet. Elektrische Schieber sind vor allem morgens praktisch. Abends sind aber möglicherweise nicht alle Hühnchen rechtzeitig im Stall - Sie müssen also unbedingt prüfen, ob noch eines vor dem Schieber sitzt. Sonst haben Marder und Co. leichtes Spiel …

Je nachdem wie und wo Ihr Stall steht, kann es sein, dass durch den Ausschlupf kalte Bodenwinde in den Stall gelangen. Das ist für Ihre Zwerghühner schädlich. Aus diesem Grund kann ein sogenannter Windfang vor dem Ausschlupf sinnvoll sein. Es ist eine Art Holzkasten, der dafür sorgt, dass der Wind gebrochen wird. Ihre Zwerghühner müssen dann um die Ecke in den Stall gehen, aber das lernen sie innerhalb kürzester Zeit.

Ist Ihr Stall begehbar, dann bringen Sie bitte direkt nach der Tür ein etwa 20 cm hohes Brett an. Sie müssen zwar darübersteigen, es hat aber den großen Vorteil, dass nicht bei jedem Öffnen der Tür Einstreu nach außen fällt. Sonst sammelt sich schnell Einstreumaterial zwischen Türblatt und -rahmen an, sodass die Tür nicht mehr richtig schließt und sich folglich auf Dauer verziehen kann.

Verschiedene Dachformen

Die einfachste Dachform ist das Pultdach. Dazu müssen Sie Dachsparren auf die Wände auflegen und am einfachsten mit Plattenware abdecken. Ob Sie die Dacheindeckung dann mit Dachpappe, Wellplatten, Ziegeln oder Trapezblech ausführen, bleibt Ihnen überlassen. Erkundigen Sie sich aber vorher, welche Dachneigung mindestens eingehalten sein muss.

Ein Satteldach ist in der Ausführung erheblich aufwendiger. Um die Statik zu gewährleisten, müssen Sie sich am besten mit jemandem, der sich auskennt, zum Beispiel einem Zimmerer, austauschen.

LÜFTUNGSSCHLITZE SOWIE GROẞE FENSTER VORN UND ZUR SEITE SORGEN FÜR JEDE MENGE LICHT UND FRISCHLUFT.

Auch wenn sich das alles vielleicht zunächst schwierig und kompliziert anhört, ist alles halb so schlimm. Haben Sie nur Mut und nehmen Sie es selbst in die Hand, Ihren perfekten Zwerghuhnstall zu bauen.

Fenster und Lüftungsschlitze

Mindestens so wichtig wie der Stallbau selbst sind die Fensterfläche und die Lüftung. Denn Zwerghühner brauchen wie auf Seite 45 beschrieben Licht und Luft. Sie sind für Ihre Zwerghühner Lebenselixier. Planen Sie also unbedingt ein entsprechend großes Fenster ein. Die Fensterfläche sollte mindestens ein Fünftel bis ein Sechstel der Stallfläche betragen – lieber größer als kleiner. Ideal ist es, wenn Sie den Fensterflügel zumindest im Sommer aushängen können. Dann sollten Sie die Fensterfläche aber mit feinmaschigem Draht bespannen, damit Marder und andere Räuber keinen Zugang bekommen. Können Sie das so handhaben, brauchen Sie sich um die Lüftung keine Gedanken machen. Der Drahtrahmen sorgt für Frischluft und sichert Ihre Zwerghühner – auch in der Nacht. Selbst im Winter lassen Sie den Drahtrahmen eingebaut, hängen aber den Fensterflügel wieder ein. Auf keinen Fall sollten Sie das Fenster vollständig schließen – zumindest gekippt sollte es nach Möglichkeit auch im Winter stets bleiben, damit frische Luft in den Stall gelangen kann.

Planen Sie außerdem bitte Lüftungsschlitze ein. Dabei handelt es sich um etwa 10 cm breite je nach Möglichkeit lange Öffnungen, die ebenfalls mit feinmaschigem Draht bespannt sind. Diese Schlitze sind bei einem Pultdach zweckmäßigerweise an der hohen und niedrigen Wand anzubringen; beim aufwendigeren Satteldach unter den Traufen und dem First. Wichtig sind unterschiedliche Höhen der Schlitze, damit das Prinzip der Schwerkraftlüftung funktioniert (Seite 45).

DER FRISCHETEST

In Ihrem Zwerghuhnstall ist dann bezüglich der Lüftung alles in Ordnung, wenn es nicht nach Huhn riecht! Dann ist genügend frische Luft vorhanden.

Das muss rein in den Stall

Ist das Gebäude an sich bewerkstelligt, müssen nur noch wenige Details baulich ergänzt werden, damit aus einer simplen Hütte ein Hühnerheim wird. Das kann auch der ungeübte Handwerker an einem Wochenende erledigen; das Material – meist Holz – lässt sich am einfachsten im Baumarkt besorgen.

Für Ihre Zwerghühner ist ihr Stall der Rückzugsort. Hier müssen sie sich wohl und geborgen fühlen. Die Ansprüche sind dabei eigentlich ganz leicht zu erfüllen. In gewisser Weise dürfen Sie sich diesbezüglich als Innenarchitekt fühlen. Aber denken Sie bitte daran, das Interieur muss in erster Linie praktisch sein.

Sitzstangen und Kotbrett

Ihre Zwerghühner wollen abends aufbaumen, also erhöht schlafen. Deshalb sollten Sie ihnen eine erhöhte Sitzstange anbieten.

Als Sitzstange verwenden Sie am besten gehobelte und gefaste Dachlatten oder Kanthölzer, die sie bei Bedarf aus ihrer Halterung heben können. Das

SITZSTANGE UND KOTBRETT ERHÖHT ANGEBRACHT – SO KANN DER KOMPLETTE INNENSTALL ZUM SCHARREN GENUTZT WERDEN.

FREIE AUSWAHL, ABER DAS MITTLERE NEST IST HIER WOHL DAS BESTE ...

erleichtert die Grundreinigung und die Bekämpfung der Roten Vogelmilbe (Seite 99), falls dies nötig werden sollte. Je nachdem, wie lang die Latten sind und wie viele Zwerghühner Sie haben, brauchen Sie eine oder mehrere Sitzstangen. Rechnen Sie mit etwa 20 cm Stangenlänge pro Zwerghuhn. Falls Sie mehrere brauchen, bringen Sie diese hintereinander, aber auf gleicher Höhe an. Sonst kommt es abends zum Gerangel, da alle Tiere nach oben streben. Runde Sitzstangen sind nicht geeignet, da Zwerghühner keine „Greifsitzer“ sind, also die Stangen mit ihren Zehen nicht umfassen wollen. Als Abstand von der Wand sollten Sie rund 20 cm wählen.

Etwa 10 cm unter der Sitzstange bringen Sie ein sogenanntes Kotbrett an. Ideal ist hierfür eine ganz glatte Platte. Hierauf fällt der gesamte Nachtkot, den Sie am besten täglich entfernen. Wenn Sie auf das Kotbrett etwas Zeitung auslegen oder es mit Holzasche bestreuen, geht das sehr schnell. Wählen Sie die Einbauhöhe von Sitzstange und Kotbrett so, dass Sie sich zum Reinigen des Kotbretts nicht allzu sehr bücken müssen. Machen Sie sich keine Sorgen: Mit Ausnahme von wenigen Zwerghuhnrassen, die nicht fliegen können, wie zum Beispiel Zwerg-Seidenhühner, gelangen alle anderen spielend auf die Sitzstange.

WARUM HÜHNER AUFBAUMEN

Bankivahühner, die Vorfahren unserer Haushühner, suchen sich am Abend einen dickeren Ast im Baum, auf dem sie sich zum Schlafen niederlassen. Dort sind sie vor Räubern sicher. Unsere Zwerghühner haben sich diesen Urinstinkt bis heute erhalten und bevorzugen ebenfalls einen erhöhten Schlafplatz.

Legenester

Groß ist bei Ihnen mit Sicherheit die Freude, wenn Ihre Zwerghühner beginnen, Eier zu legen. Und noch größer die Freude, wenn Sie diese nicht suchen müssen, sondern sie im Nest abgelegt werden. Aus diesem Grund müssen Sie im Stall zumindest ein Nest anbringen – zwei sind besser, sodass die Hennen wählen können.

Zwerghühner lieben es, ihre Eier etwas geschützt zu legen. Verwenden Sie am besten eine einfache Kiste aus Holz, die Sie etwas erhöht anbringen. Vorne unten sollte ein höheres Brett gegengeschraubt sein, sodass die Henne dahinter im mit kurzem Stroh ausgepolsterten Nest in aller Ruhe legen kann. Als Nestgröße haben sich in etwa 30 x 30 x 35 cm bewährt.

Haben Sie zwei oder mehr Nester, merken Sie sehr bald, welches Nest die Hennen bevorzugen. Was für das eine und gegen die anderen spricht, lässt sich meistens vom Halter nicht erklären, da haben die Hennen ihren ganz eigenen Kopf.

Was man noch so braucht

Bevor die Hühner einziehen dürfen, steht noch eine Fahrt zum Landhandel an. Hat man Tröge und Tränken, Einstreu und die erste Ration Futter dann nach Hause gekarrt, ist man bestens vorbereitet. Die Zwerghühnchen werden in ihrem neuen Heim alles haben, was sie brauchen.

Tröge, Tränken, Tränkenwärmer und sonstiges Zubehör – zu Beginn der Hühnerhaltung reicht eine Grundausstattung. Im Lauf der Zeit wird diese meiner Erfahrung nach etwas umfangreicher werden, denn der Fachhandel hält verschiedenste Artikel bereit und man will das eine oder andere einfach ausprobieren. Die Qualität der Produkte schwankt teilweise sehr stark. Immer auf das günstigste zurückzugreifen, rächt sich meistens später. Vor

AUS DEM BÜGELTROG LÄSST SICH DAS FUTTER NUR SCHLECHT MIT SCHWUNG HERAUSSCHLEUDERN …

allem Kunststoffartikel sind heute oft so hergestellt, dass sie schon bei geringer Beanspruchung zu Bruch gehen können.

Futtertröge

Früher wurde das Futter häufig direkt in den Auslauf geworfen. Das passt heute nicht mehr in die Zeit. Ganz zu schweigen davon, dass damit allerlei Ungeziefer wie Mäuse und Ratten, aber auch Spatzen angezogen werden. Gefüttert wird heute in der Regel im Stall und Tröge sind wohl das einfachste Mittel, Ihren Zwerghühnern Futter anzubieten. Sie sind entweder aus Zinkbleck oder Kunststoff hergestellt und es gibt sie in verschiedenen Größen. Abgedeckt sind sie durch ein sogenanntes Fressgitter. Dieses verhindert, dass Ihre Zwerghühner viel Futter herausschleudern können. Haben Sie in Ihrem Stall eine Tiefstreu, sollten Sie an den Futtertrog seitlich „Füße“ anbringen. Durch die Erhöhung können Ihre Zwerghühner keine Einstreu hineinscharren, was der Futterhygiene sehr entgegenkommt. Die Größe des Futtertroges richtet sich nach der Tierzahl. Auf jeden Fall müssen alle Tiere gleichzeitig fressen können. Als Faustregel können etwa 20 cm Troglänge pro Zwerghuhn gelten. Wählen Sie im Zweifel lieber eine Nummer größer.

Sie sollten darauf achten, dass die Tröge einfach zu reinigen sind. Besonders, wenn Sie zum Beispiel hin und wieder Krümel- oder Weichfutter anbieten (Seite 79), da dieses einen höheren Wassergehalt hat und Reste schnell verderben. Viele Zwerghuhnliebhaber sind deshalb dazu übergegangen, aus einem Futtertrog die trockene Körner- und Mehlmischung anzubieten und aus einem zweiten Trog das Weichfutter. Da Letzteres immer schnell aufgefressen sein muss, hat sich auch einfach ein abgesägter Eimer (mit einem etwa 10 cm hohen Rand) bewährt. Dieser Behelfstrog ist preisgünstig und mit wenig Aufwand hergestellt, lässt sich besonders gut reinigen, da kein störendes Fressgitter vorhanden ist, und kann leicht ausgetauscht werden.

Alternativ zu den Trögen gibt es auch Futterautomaten. Sie werden so eingestellt, dass immer ausreichend Futter nachläuft. Während diese für Futtermehl sehr gut geeignet sind, sollte man bei Körnerfütterung darauf verzichten. Ihre Zwerghühner würden die Leckerbissen herausfressen und den Rest auf dem Boden zerstreuen. Für Weichfutter eignen sich Automaten überhaupt nicht.

EINE RUNDTRÄNKE AUF EINEM STEIN, SO KÖNNEN DIE HÜHNCHEN KEINE EINSTREU HINEINSCHARREN.

Tränken

Ihre Zwerghühner stellen an die Wasserqualität und vor allem an die Wassertemperatur sehr große Ansprüche. Das Wasser sollte immer kühl, also nicht lauwarm oder warm sein. Da verschmutztes Wasser von den Hühnchen ebenfalls nur ungern angenommen wird, hat sich die Verwendung spezieller Hühnertränken aus Kunststoff, Metall oder Glas bewährt. In einem Vorratsbehälter steht den Tieren immer sauberes Wasser zur Verfügung, über eine kleine Öffnung läuft es in eine Trinkrinne. Um eine Verschmutzung dieser Rinne zu vermeiden, sollte die Tränke unbedingt erhöht aufgestellt werden. Ein paar Ziegelsteine können hier guten Dienst tun. Um die Gefahr von Krankheitsübertragungen zu verringern, hat sich die tägliche Reinigung der Tränke und die Verwendung einer zweiten Tränke zum Wechseln (damit eine zwischenzeitlich immer vollständig abtrocknen kann) vielfach bewährt.

Tränkenwärmer

Während Sie im Sommer eher darauf achten müssen, dass ihren Zwerghühnern das Wasser nicht zu warm wird, gibt es im Winter das Problem des Einfrierens der Tränke. Haben Sie einen Stromanschluss im Stall, können Sie sich mit einem Tränkenwärmer, den Sie unter die Tränke stellen, helfen. Dieser sorgt dafür, dass selbst bei sehr kalten Temperaturen das Wasser nicht einfrieren kann. Wenn Sie einmal seine Vorteile erlebt haben, wollen Sie nicht mehr darauf verzichten. Ansonsten wird Ihnen nichts anderes übrig bleiben, als täglich die Tränke aufzutauen, je nach Temperatur auch mehrmals täglich. Sinnvoll kann es sein, die Tränke abends, wenn Ihre Zwerghühner auf der Stange sitzen, aus dem Stall zu nehmen und am nächsten Morgen mit lauwarmem Wasser wieder hineinzustellen.

Gritkasten

Sogenannte Magensteinchen sind für die Verdauung bei Hühnern unverzichtbar. Vereinfacht gesagt helfen die Steine im Muskelmagen beim Zerkleinern der Nahrung. Bei ausreichendem Auslauf nehmen Ihre Zwerghühner viele Steinchen in passender Größe selbstständig vom Boden auf. Dennoch sollten Sie ihnen immer auch im Stall welche anbieten – sie sind unter dem Namen Grit im Handel. Entweder Sie mischen etwas davon ins Körnerfutter oder stellen einfach ein kleines Gefäß auf, in dem Sie den Grit anbieten.

Badekiste

Kaum etwas sorgt bei Zwerghühnern für solche Glücksgefühle wie ein ausgiebiges Staubbad, auch Sandbad genannt. Dabei hält das Staubbad die Hühner nicht nur bei Laune, sondern auch gesund. Mit dem Sand, der auf die Haut

WELLNESS FÜR ZWERGHÜHNER: SANDBADEN UND ANSCHLIEßEND …

und zwischen die Federn rieselt und anschließend durch kräftiges Schütteln weggeschleudert wird, werden auch Parasiten aus dem Gefieder katapultiert.

Ein gepflegtes intaktes Federkleid ist wichtig: Das Gefieder ist der Allwetterschutz der Hühnchen. Da Ihre Zwerghühner das ganze Jahr über zwischen dem Aufenthalt im Stall oder im Auslauf frei wählen können, sind sie der Witterung ausgesetzt, das heißt, Regen genauso wie starkem Sonnenlicht, Schnee, Hagel usw. Wenn sie die Möglichkeit haben, gehen Ihre Zwerghühner vor allem Niederschlägen aus dem Weg und halten sich dann bevorzugt im Stall beziehungsweise unter einem Busch auf. Die Witterungseinflüsse haben vor allem Einfluss auf das Gefieder Ihrer Zwerghühner.

Im Auslauf werden sich Ihre Zwerghühner selbst früher oder später unter einem Busch ein Staubbad einrichten und sich ausgiebig in diesem Staub-Erde-Gemisch räkeln. Wenn Sie wollen, können Sie hier für eine bessere Effizienz bei der Parasitenabwehr Holzasche dazugeben.

… SCHÜTTELN BIS DIE SANDKÖRNER FLIEGEN.

Für die Zeit, in der Ihre Zwerghühner nicht in den Auslauf können, sollten Sie ihnen ein Staubbad im Stall anbieten. Eine einfache Holzkiste mit den Maßen 40 x 40 x 30 cm reicht dafür aus. Befüllen Sie diese mit Sand, trockener Erde und ebenfalls eventuell Holzasche.

Wenn Sie gleich zwei Fliegen mit einer Klappe schlagen wollen, füllen Sie zwei Drittel Sand und ein Drittel Kieselgur ein, und zwar so, dass dieses Gemisch die Kiste etwa gut zur Hälfte füllt. Ihre Zwerghühner baden intensiv darin und zerstäuben das Kieselgur beim anschließenden Schütteln des Gefieders so fein in Ihrem Stall, dass die Rote Vogelmilbe (Seite 99) so gut wie keine Chance hat.

Einstreu

Als ideale Stalleinstreu für den Stall hat sich die sogenannte Tiefstreu bewährt. Diese kommt dem Bedürfnis Ihrer Zwerghühner zu scharren entgegen. Gerade in Zeiten, wenn Ihre Hühner nicht in den Auslauf dürfen, ist das ein guter Kompromiss. Verwenden Sie ein Gemisch aus staubfreien Hobelspänen und kurzgeschnittenem Stroh, im Mischungsverhältnis von ungefähr 3:1 und streuen Sie es etwa 20 cm hoch auf den Stallboden. Auf Sägemehl sollten Sie verzichten, da sich hier gerne Läuse einnisten.

Der Zwerghuhngarten

Ihre Zwerghühner lieben es, den ganzen Tag auf Achse zu sein. Draußen lassen sie sich die frische Luft um den Schnabel wehen, tanken Sonnenlicht fürs Wohlbefinden und inspizieren das Gras unter ihren Füßen, ob sich etwas Fressbares darin verbirgt – hach, ein Hühnerleben kann so schön sein.

Ein strukturierter Auslauf, mit Büschen oder kleinen Bäumen, aber auch gern weiteren Elementen zum Erkunden, zum Beispiel (kippsicheren) Holzstapeln oder Reisighaufen, ist für Ihre Zwerghühner besonders attraktiv. Dort finden sie Versteckmöglichkeiten, jede Menge Futter in Form von Gras, Würmern, Schnecken usw. und schlichtweg Beschäftigung.

Gras statt Schlammwüste

Im direkten Umfeld des Ausschlupfes aus dem Stall ist die Grasnarbe besonders stark beansprucht. Vor allem, nach Regengüssen haben Sie hier sehr schnell eine Schlammwüste. Das wiederum ist für Ihre Zwerghühner alles andere als gesundheitsfördernd. Ein paar Gehwegplatten reichen hier meistens schon aus, um das Problem der Staunässe zu beheben. Ist ihnen das zu steril, können Sie auch den Mutterboden etwa 15 cm tief abgraben und Sand oder Kies auffüllen.

Besonders schön sieht es aus, wenn Ihre Zwerghühner auf Gras laufen können. Manche Farbenschläge sehen hier außergewöhnlich hübsch aus; und die

KURZ GEMÄHT UND DICHT – SO BLEIBT DIE GRASNARBE ERHALTEN.

in Frankreich für die Gold-Porzellanfarbigen genutzte Bezeichnung Mille Fleurs, also „tausend Blumen“, bekommt auf grünem Gras nochmal eine ganz andere Bedeutung. Von der Optik abgesehen ist auch für die Hühner eine Grasfläche optimal: Sie können trockenen Fußes umherlaufen und sie picken die saftigen Grasspitzen ab.

Damit Sie eine schöne Grasnarbe erhalten, müssen Sie einige Dinge beachten. An erster Stelle müssen Sie die Anzahl Ihrer Zwerghühner der Fläche anpassen (nicht mehr als ein Huhn pro 10 m² Auslauf bei ganztägigem Frischluftaufenthalt – weniger Hühner auf mehr Fläche geht immer). Ein paar Tiere mehr sind in Ordnung, wenn Sie Wechselausläufe haben, also die Gesamtfläche unterteilt wird und somit nicht ständig von Ihren Zwerghühnern beweidet wird.

Ein weiterer Faktor ist die Pflege des Auslaufes. Auch wenn es für Sie vielleicht auf den ersten Blick ungewöhnlich wirkt: Je häufiger Sie Ihren Zwerghuhnauslauf mähen – vor allem während der Hauptwachstumszeit –, desto dichter wird die Grasnarbe und umso geringer ist die Angriffsfläche für die scharrfreudigen Zwerghuhnfüße. Bei zu langem Gras besteht die Gefahr, dass es durchs Scharren zu einer Horstbildung einzelner Grasarten kommt und in deren Folge zu Kahlstellen drumherum. Außerdem kann es bei langen Grashalmen passieren, dass es nach dem Abpicken zu einer Knäuelbildung im Kropf Ihrer Zwerghühner kommt, die dann sogar zum Tod der Tiere führen kann. Nicht zuletzt fressen Zwerghühner bevorzugt die Grasspitzen. Mit einem kurz gemähten Rasen im Auslauf bieten Sie Ihren Zwerghühnern also nicht nur bestes Beifutter, sondern leisten auch einen Beitrag zur Gesundheitsvorsorge.

NICHT NUR DARUNTER, AUCH IM BAUM FÜHLEN SICH DIE ZWERGHÜHNCHEN WOHL. NUR ÜBER NACHT IST ES IM STALL SICHERER.

Mit Büschen und Bäumen

Darüber hinaus sollten Sie sich Gedanken machen, wie Sie den Auslauf etwas beschatten können. Ideal sind hier verschiedene Sträucher und Bäume, die natürlichen Schatten bieten und außerdem für Struktur sorgen. Haselnuss, Johannisbeeren, Obstgehölze und nicht zuletzt Holunder – der „Hühnerbaum“ schlechthin – sind bestens geeignet. Sie vertragen auch einen starken Rückschnitt, wenn

EINDEUTIG EIN ZU NIEDRIGER ZAUN FÜR DIESE AUSBRECHERIN.

es nötig sein sollte. Gerade unter den Büschen richten sich Ihre Zwerghühner mit Vorliebe ihr Staubbad ein. Herabfallendes Obst im Herbst ist außerdem ein Leckerbissen und sorgt zudem für Abwechslung und Beschäftigung Ihrer Zwerghühner.

Die Umzäunung

In der Regel werden Sie Ihren Zwerghühnern einen gewissen Teil Ihres Gartens als Auslauf zur Verfügung stellen. Sie werden also um einen Zaun nicht herumkommen. In der Ausführung haben Sie wieder die volle Gestaltungsfreiheit. Machen Sie ihn so, wie er Ihnen am besten gefällt und wie er vielleicht am besten zum restlichen Gartenambiente passt. Wichtig ist die passende Höhe, um die Zwerghühner auch dort zu halten, wo sie sein sollen. Eine pauschale Aussage über die erforderliche Höhe kann man nicht machen. Es hängt von der Rasse und dem Platzangebot ab. Zwerg-Hamburger haben mit keiner Zaunhöhe ein Problem; sie fliegen lässig über alles hinweg. Deutsche Zwerg-Wyandotten kommen mit 1 m Zaunhöhe sehr gut zurecht, Zwerg-Seidenhühnern und Zwerg-Cochin reichen sogar 50 cm. Natürlich gilt auch hier keine Regel ohne Ausnahme. Immer wieder kann es einmal vorkommen, dass es einzelne Zwerghühner gibt, die mit Vorliebe über den Zaun fliegen. Schließlich gilt wohl auch für Zwerghühner, dass „die Kirschen in Nachbarsgarten besser schmecken".

Unter Umständen können Sie Ihre Zwerghühner auch frei im ganzen Garten laufen lassen. Manche Rassen scharren so wenig, dass zum Beispiel auch Blumenbeete kaum in Mitleidenschaft gezogen werden. Hier ist Ihr persönliches Empfinden ausschlaggebend. Bitte bedenken Sie aber immer, dass Zwerghühner auch „Hinterlassenschaften" abgeben. Diese müssen Sie dann absammeln, wenn Sie nicht Gefahr laufen wollen, hineinzutreten. Da die Tierchen bei intensiver Beschäftigung sehr zahm werden, kann man davon ausgehen, dass sie auf Sie an der Terrassentür warten. Also auch hier muss dann mit Verschmutzungen gerechnet werden. In der Praxis hat es sich bewährt, den Bewegungsradius zunächst auf den Hühnerauslauf einzuschränken und dann eventuell zu erweitern, unter Umständen auch nur zeitweise und bei besonderen Wetterlagen.

HIER WARTEN SCHUHE UND ZWERGHÜHNER DARAUF, DASS JEMAND AUS DEM HAUS KOMMT.

Zwerghühner verstehen

Die tägliche Beschäftigung mit Ihren Zwerghühnern wird Sie schon bald mit einer besonderen Erkenntnis belohnen: Die kleinen Tierchen verfügen über ein sehr interessantes Sozialleben! Vom dummen Huhn zu sprechen, passt beim besten Willen nicht.

Nehmen Sie sich so oft es geht die Zeit und beobachten Sie Ihre Zwerghühner! Es wird Ihnen unter Garantie nicht langweilig werden. Sie erkennen recht bald, welche Wesenseigenschaften die einzelnen Hühnchen besitzen, und Sie finden vielleicht sogar Züge, die Ihnen fast menschlich vorkommen.

Die Körpersprache der Zwerghühner

Zwerghühner haben eine feinsinnige Körper- und Lautsprache. Im Gegensatz zum Hund, dessen Kommunikation auch für uns Menschen sehr schnell erkennbar wird, geschieht diese bei Zwerghühnern viel unauffälliger und man braucht einige Erfahrung, um die Hühnchen zu verstehen. Haben Sie erst einmal einen Einblick, können Sie sehr viel ableiten. Sie merken dann schnell, ob sich Ihre Hühnchen ruhig, aufgeregt oder gleichgültig verhalten.

Natürlich drohen Ihre Zwerghühner auch mit dem Gefieder. Sie plustern sich auf, machen sich groß und setzen dann auch einmal ihren Schnabel ein. Sie werden verwundert sein, wenn Sie zum Beispiel zum ersten Mal sehen, wie eine Glucke ihre Küken verteidigt. Kommt es darauf an, kämpft sie wie eine Löwin.

Hahn im Korb

Leider können und wollen nur wenige Zwerghuhnhalter Ihren Hennen einen Hahn gönnen. Die Angst vor einem Nachbarschaftsstreit in Folge des frühmorgendlichen Hahnenschreis ist meist groß. Wenn Sie allerdings einmal erlebt haben, welchen ungeheuren Stellenwert der Hahn im Sozialleben haben kann, sind Sie vielleicht doch bereit, Vieles zu unternehmen, um einen Hahn halten zu können.

Dem sprichwörtlichen Hahn im Korb werden Sie bei Ihren Zwerghühnern immer wieder aufs Neue begegnen. Er führt seine Hennen sehr strikt: Er ist immer der erste am Futtertrog, verlässt als erster am Morgen den Stall und verteilt auch schon einmal Schnabelhiebe, wenn seine Hennen etwas widerspenstig sind. Im Gegenzug ist er der fürsorgliche Haremswächter, dem keine noch so geringe Gefahr verborgen bleibt und der dies durch lautes Gegacker auch kundtut. Dabei meint er stets – auch völlig unabhängig von der tatsächlichen Statur –, dass er der Größte ist. Kommen Sie einer seiner Hennen zu nahe, stellt er sich Ihnen in den Weg. Er ist es auch, der sich auf Nachbars Katze stürzt, wenn er den Eindruck hat, seine Hennen seien in Gefahr. Er ist auch der superfürsorgliche Hahn, der seine Hennen nur zu gerne mit einem besonderen Leckerbissen anlockt und ihnen das Beste abgibt. Manchmal täuscht er das allerdings nur vor, um eine seiner Hennen begatten zu können. Er kann also auch ganz schön flunkern. Fast scheint es, als würde er sein Handeln planen und reflektieren.

Die Gruppendynamik

Zwerghühner, so hat man den Eindruck, gehen im Auslauf eigentlich recht alleine ihrer Wege. Dabei stehen sie doch unter ständiger gegenseitiger Beobachtung, vor allem vonseiten des Hahnes. Hat eine Henne etwas Besonderes gefunden, tut sie so, als würde sie völlig belanglos von dannen ziehen. Kaum wird das von den anderen entdeckt, rennt sie los und versucht, sich den Leckerbissen zu sichern – nur in den seltensten Fällen gelingt das. Die anderen

KLEINER DISPUT UNTER DAMEN.

Hennen jagen hinterher. Dabei gehen die Hennen überhaupt nicht zimperlich miteinander um. Eher könnte man meinen, jede ist sich selbst die nächste.

Mit höchster Aufmerksamkeit

Hühner sind in der freien Natur vielerlei Gefahren ausgesetzt und müssen deshalb besonders wachsam sein. Dieses Verhalten ist auch den Zwerghühnern immer noch eigen. Sie reagieren deshalb gelegentlich auf schnelle, unvorhersehbare Bewegungen recht schreckhaft. Reden Sie aus diesem Grund schon lange mit sich selbst oder mit Ihren Hühnchen, wenn Sie noch ein gutes Stück vom Stall oder Auslauf entfernt sind und kündigen Sie sich so Ihren Hühnern an. Einzig mit dem Schmunzeln Ihrer Nachbarn müssen Sie dann leben.

Kann man Zwerghühner erziehen?

Hühner waren bisher für die meisten Menschen in erster Linie landwirtschaftliche Nutztiere. Aus diesem Grund hat sich die Forschung auch mehrheitlich darauf konzentriert, die Nutzung zu optimieren. Hühner und Zwerghühner als Heimtiere sind eine Erscheinung der neueren Zeit; auf einmal stehen auch andere Dinge im Fokus als die Lege- oder Fleischleistung. Vor allem interessiert, ob man Hühner erziehen kann. Was lag näher, als auf Erziehungsmethoden von Hunden zurückzugreifen. An erster Stelle natürlich das Clickern – und man kann sagen: Es funktioniert. Doch erwarten Sie nicht, dass Sie Ihren Hühnchen zum Beispiel eine feste Stelle zum Koten antrainieren können. Soweit geht es dann doch nicht.

Aber es ist möglich, Ihre Hühnchen auf Rituale zu konditionieren. Nehmen Sie zum Beispiel immer den gleichen Futterbecher, die gleiche Schüssel für die Gemüsereste oder haben Sie eine Tüte mit Fressbarem in der Hosentasche, die raschelt, kommen Ihre Zwerghühner sofort herbeigerannt, wenn sie den jeweiligen Gegenstand erblicken. Auch auf die Stimme des Besitzers lassen sie sich sehr gut konditionieren.

Und denken Sie immer daran: Auch bei Zwerghühnern geht die Liebe durch den Magen. Für einen Leckerbissen tun sie „fast“ alles. Übrigens: Sultaninen sind superbegehrt!

LECKER! UND SO LERNEN DIE ZWERGHÜHNCHEN GLEICH NOCH, DASS HÄNDE HARMLOS SIND.

AUCH JAGDLICH AMBITIONIERTE HUNDE KÖNNEN SICH AN FREILAUFENDE ZWERGHÜHNER IM GARTEN GEWÖHNEN – DIESE HÜNDIN WAR EIN JAHR AUSSCHLIEẞLICH AN DER SCHLEPPLEINE IM GARTEN. HEUTE IST SIE ZUVERLÄSSIG „HÜHNERSICHER".

Zwerghühner und andere Tiere

Grundsätzlich kommen Zwerghühner mit anderen Heimtieren problemlos zurecht. Aufmerksam müssen Sie allerdings immer sein, besonders bei tierischen Nachbarn, die fürs Jagen bekannt sind, wie Hunde, Katzen oder auch Frettchen. Denken Sie an das Unvorstellbare, dann sind Sie auf der sicheren Seite.

In vielen Haushalten leben neben Zwerghühnern auch andere Tiere. Da stellt sich berechtigt die Frage, wie Zwerghühner mit diesen zurechtkommen. Da ein Hamster wohl kaum direkten Kontakt zu Ihren Zwerghühnern bekommen wird, können wir diesen getrost vergessen. Anders sieht es dagegen zum Beispiel mit Kaninchen aus.

Hunde

Bei Hunden müssen Sie aufpassen. Je nachdem welcher Rasse Ihr Hund angehört und wie viel Jagdinstinkt in ihm schlummert, kann es für Ihre Zwerghühner gefährlich werden. Die beste Vorsorge, damit nichts geschieht, ist eine gute Erziehung des Hundes. Selbst wenn er keinen direkten Kontakt zu den Hühnern bekommt, kann

alleine schon durch Hochspringen am Zaun unter Ihren Zwerghühnern Panik ausbrechen. Vor allem bei eher schreckhaften Rassen kann es vorkommen, dass sie auf einmal auffliegen und in den Bäumen sitzen. Haben Sie entspannte Zwerghühner, gewöhnen sie sich aber selbst an diese Störmanöver und lassen sich nach einiger Zeit davon kaum noch beeindrucken. Dringt ein Hund allerdings in den Auslauf ein und hat ihn das Jagdfieber gepackt, kann es für Ihre Zwerghühner tödlich enden. Manche Vierbeiner machen sich auch nur einen „Spaß" daraus, Hühner zu jagen. Aufmerksam müssen Sie also auf jeden Fall sein!

Katzen

Aufmerksamkeit ist auch angebracht, wenn Sie eine Katze haben. Im Gegensatz zu Hunden ist bei ihnen der Jagdinstinkt meistens intensiver ausgeprägt. Aus Erfahrung kann ich leider berichten, dass eine Katze vor Zwerghühnern nicht Halt macht und nur beherztes Eingreifen zur Rettung einer Henne geführt hat. Auch wenn man davon ausgehen kann, dass das nicht die Regel ist, zeigt es doch, dass es möglich ist.

Küken hingegen gehören ins klassische Beuteschema von Katzen. Aber selbst das kann gut gehen. Ein befreundeter Züchter hat regelmäßig Katzen, die sich völlig ungezwungen unter Küken bewegen. Es ist also durchaus möglich, Katzen „hühnerfreundlich" zu bekommen.

SIND DIE HÜHNCHEN SCHON VON KLEIN AUF MIT KANINCHEN ZUSAMMEN, KANN DAS ZUSAMMENLEBEN KLAPPEN – ABER MAN MUSS IMMER EIN AUGE DARAUF HABEN.

Anderes Geflügel

Manchmal sind Zwerghühner nur der Anfang einer großen Liebe zu Geflügel. Ist der Platz vorhanden, können Sie sich vielleicht vorstellen, auch anderes Geflügel zu halten. Und ehrlich, die Auswahl ist stattlich. Puten, Gänse, Enten, große Hühner oder sogar Perlhühner bieten sich an. Sie müssen aber bedenken, dass gerade mit Wassergeflügel, zum Beispiel Enten, ein erhöhtes Risiko einer Kokzidieninfektion (Seite 100) einhergeht.

Grundsätzlich lassen sich Zwerghühner mit jedem Geflügel vergesellschaften, wenn der Platz so ausreichend vorhanden ist, dass sich die Tiere aus dem Weg gehen können. Auf keinen Fall darf es so weit kommen, dass zum Beispiel ein Warzenenten-Erpel mit mehreren Kilogramm Gewicht versucht, eine Zwerghenne zu treten. Überlegen Sie also gut, wenn Sie anderes Geflügel zusammen mit Ihren Zwerghühnern halten wollen. Sprechen Sie hier mit Haltern, die das erfolgreich handhaben. Hier bekommen Sie wertvolle Tipps.

Falls Sie sich dafür entscheiden, können Sie verschiedenes Geflügel in einem Stall halten. Bei einem gemeinsamen Stall für Zwerghühner und Wassergeflügel müssen Sie aber darauf achten, dass die Luftfeuchtigkeit nicht zu stark ansteigt. Eine Tränke auf einem Drahtgeflechtrahmen verhindert zum Beispiel feuchte Einstreu. Auch müssen Sie hier immer wieder neues Einstreumaterial einbringen, da der Kot von Wassergeflügel einen sehr hohen Feuchtigkeitsgehalt aufweist.

Kaninchen

Kaninchen werden gerne in den Freilauf oder in ein Gehege gelassen. Was liegt also näher, als zwei Fliegen mit einer Klappe zu schlagen? Leider ist es mit diesen beiden Arten nicht so einfach und für Ihr Kaninchen kann es sogar lebensgefährlich werden. Im Zweifelsfall ist nämlich der Schnabel Ihrer Zwerghühner eine „Waffe“. Nur bei wirklich ausreichend Platz im Auslauf und Ausweichmöglichkeiten kann man es auf einen Versuch ankommen lassen. Getrennte Innenställe sind Pflicht!

Hühner füttern

Zwerghühner sind Allesfresser und würden sogar Bestandteile aufnehmen, die für sie schädlich sein können. Deshalb sollten Sie ihnen ein artgerechtes und möglichst vielfältiges Futter anbieten – und stets frisches Wasser.

Die wilden Vorfahren unserer Zwerghühner haben sich überwiegend von Sämereien (Körnern), Insekten, Insektenlarven, Würmern, kleinen Schnecken und sehr viel Grünzeug ernährt. An einer solchen abwechslungsreichen Nahrung, die alle lebenswichtigen Bausteine wie Kohlenhydrate, pflanzliches und tierisches Eiweiß, Fette, Mineralstoffe, Vitamine und Spurenelemente enthält, sollten Sie sich orientieren. Mühlen, der landwirtschaftliche Fachhandel und viele sonstige Anbieter haben eine große Vielfalt verschiedenster Futtermittel für Hühner in ihrem Sortiment. Spezielles Futter für Zwerghühner gibt es nicht – das ist aber auch nicht nötig, da die Ansprüche die gleichen sind wie bei großen Hühnern.

Die Futtermittelhersteller produzieren ihre Futtermischungen fast ausschließlich für Wirtschaftsgeflügel. Das muss man sich immer vor Augen halten: Diese stellen, ob Sie es wollen oder nicht, meistens die Basis Ihrer Fütterung dar. Da der Energiegehalt dieser Mischungen sehr hoch ist, kommt es fast immer vor, dass Ihre Zwerghühner wertvolle Futterbestandteile ungenutzt wieder ausscheiden.

Aber es bereitet Ihnen bestimmt Freude, Ihren Zwerghühnern ein abwechslungsreicheres Futterangebot zu machen und viele gesunde, frische Futterkomponenten zu ergänzen. Das ist zwar mit etwas Aufwand verbunden, hat für Sie aber den Vorteil, dass Ihre Zwerghühner noch zahmer werden, als sie es so schon sind. Das Grundfutter steht bei den meisten Haltungsformen nämlich ohnehin ständig zur Verfügung; das Auffüllen des Automaten hinterlässt beim Huhn keinen so bleibenden Eindruck wie ein Besitzer, der jeden Tag mit einer Futterschüssel neuer Leckereien auftaucht.

Die Basis: Grundfutter

Normalerweise wird als Grundfutter entweder ein Legehennen-Alleinfutter oder ein Legehennen-Ergänzungsfutter, umgangssprachlich als Legemehl bezeichnet, verwendet. Die Namen sagen eigentlich schon, was man darunter versteht: Während das eine als alleiniges Futter verwendet werden könnte, ist beim anderen eine Kombination mit reinem Getreide notwendig. Gerade das Legemehl wurde ursprünglich entwickelt, damit Landwirte eigenes Getreide vom Hof verwenden können. Beide Varianten sind für Ihre Zwerghühner geeignet. Sie können also völlig frei entscheiden.

Übrigens: Trotz des Namens „Legehennenfutter", darf der Hahn natürlich mitessen. Da naturbedingt mehr Hennen gehalten werden, ist das Futter auf deren Bedürfnisse perfektioniert, dem Hahn schadet es aber nicht.

Das Futter wird im Handel entweder in Mehl- oder Pelletform angeboten. Um es gleich vorweg zu nehmen: Ihre Zwerghühner fressen beides. Mehl etwas lieber als Pellets – doch gilt auch hier, Hunger ist der beste Koch! Der Begriff „Mehl" ist nicht unbedingt wörtlich zu verstehen, da nicht alle Futtersorten so fein wie das Mehl in unserer Küche gemahlen sind. Eher sind die Körner mehr oder weniger fein geschrotet. Dennoch schaffen es Ihre Zwerghühner spielend, einzelne, besonders leckere Bestandteile des Mehls herauszufressen. Achten Sie nicht darauf, dass der Trog zumindest einmal in der Woche vollständig leer gefressen wird, haben Sie größere Verluste, weil immer das Unliebsame zurückbleibt. Bei Pellets kann Ihnen das nicht passieren. Pellets ist Futtermehl, das zu uniformen Pellets gepresst wurde. Hier müssen Ihre Zwerghühner immer alles fressen und können nicht selektieren.

WAS ZWERGHÜHNER ALLES GERN MÖGEN: QUARK MIT KAROTTENRASPELN, HARTGEKOCHTES UND KLEIN GEHACKTES EI, REIS MIT KAROTTENRASPELN, LEGEMEHL, GETROCKNETE KRÄUTER, EINE KÖRNERMISCHUNG UND VIELES MEHR …

Bieten Sie Ihren Zwerghühnern als Basis und zur ständigen Aufnahme also entweder Mehl oder Pellets an – egal, ob Legehennen-Allein- oder -Ergänzungsfutter in Verbindung mit reinem Getreide. Da können Sie nichts falsch machen.

Neben diesen Grundfutterarten bietet der Handel auch reine Körnermischungen an. Sie bestehen fast immer aus Weizen, Gerste, zerkleinertem (gebrochenem) Mais, eventuell etwas Milo (eine Hirseart), Sonnenblumen, in sehr geringem Umfang Hafer und manchmal sogar etwas Muschelgrit. Ihre Zwerghühner werden ein solches Körnermischfutter lieben. Ehrlicherweise muss hierzu aber gesagt werden, dass Ihre Zwerghühner aus einem solchen Futter auswählen und nur die Körnerarten fressen, die sie besonders lieben: an erster Stelle Weizen, da er mit seiner runden Form ganz oben auf der Beliebtheitsskala steht, am unliebsamsten ist der Hafer mit seinen langen, schmalen Körnern. Dieses selektive Fressen führt früher oder später dazu, dass Ihre Zwerghühner restlos verfetten werden. Ganz zu schweigen, dass der geringere Eiweißgehalt eine niedrigere Legeleistung bedingt. Ein Körnermischfutter ist also als Alleinfutter nicht unbedingt die erste Wahl, als Ergänzung (zum Beispiel zu Legemehl) aber geradezu perfekt. Die meisten Zwerghuhnliebhaber geben ihren Tieren abends etwas reines Körnerfutter, ehe sie auf die Stange gehen und dieses über die Nacht verdauen können. Dabei sollte die Menge immer so gewählt werden, dass sie gleich gefressen wird. Bleibt zum Beispiel noch Hafer übrig, kann die nächste Ration entsprechend gekürzt werden.

ACHTUNG BEI FUTTERUMSTELLUNG

Zwerghühner sind in der Fütterung nicht besonders anspruchsvoll. Es kann aber zu Verdauungsproblemen kommen, wenn Sie das Futter von einer Sorte zu einer anderen abrupt umstellen. In der Praxis hat es sich bewährt, sich dafür eine Woche Zeit zu lassen. Mischen Sie immer etwas neues Futter zum alten, jeden Tag ein bisschen mehr.

Sollten Sie Ihre Zwerghühner einmal im Stall lassen müssen, streuen Sie ebenfalls etwas Körnerfutter in die Einstreu. Das beschäftigt Ihre Tiere sinnvoll. Achten SIe aber darauf, dass auch hier die Futtermenge aufgefressen wird. Sonst brauchen Sie sich nicht zu wundern, wenn sich Schädlinge wie Mäuse einnisten. Selbstverständlich können Sie auch etwas Körner in den Auslauf streuen. Bitte aber auch hier nur so viel, wie Ihre Zwerghühner gleich fressen. Regelrechte Schwärme von Sperlingen, die nicht nur Futter fressen, sondern auch Krankheiten übertragen können, sind sonst die Folge.

BEI DER ESSENSCHLACHT … BESONDERS BELIEBT: DAS HARTGEKOCHTE, ZERKLEINERTE EI.

QUARK IST NICHT NUR LECKER, SONDERN SORGT AUCH FÜR EINE ORDENTLICHE PORTION KALZIUM.

Weichfutter für mehr Abwechslung

Neben dem Grundfutter sollten Sie Ihren Zwerghühnern ruhig auch einmal einen Leckerbissen, der gerne auch gesund sein darf, anbieten. Zwerghühner lieben sogenanntes Weich- oder Krümelfutter! Dieses unterscheidet sich vom Grundfutter darin, dass es einen deutlich höheren Feuchtigkeitsgehalt hat und die Futterstruktur dadurch ganz leicht feucht-krümelig wird. Als Grundlage wird fast immer geschrotetes Getreide genommen, das man in jeder Mühle bekommt. Natürlich funktionieren auch Haferflocken und anderes Getreide. Diesem Schrot können Sie vielerlei zugeben: zum Beispiel klein geraspelte Karotten, Zwiebeln, Rote Bete, Grünkohl und anderes Gemüse oder auch ein eingeweichtes und wieder gut ausgedrücktes Brötchen, gerne auch noch etwas Futterkalk, Bierhefe oder Heilerde. Selbst etwas Joghurt, Quark, Kefir, Sauer- oder Dickmilch kann hineingemischt werden; Ihrer Fantasie sind keine Grenzen gesetzt.

Die meisten der genannten Zutaten bringen Feuchtigkeit in die Futtermischung. Achten Sie bitte auf zwei Dinge. Erstens: Das Ganze sollte nicht zu feucht-matschig wird. Die einzelnen Bestandteile der Mischung können variieren, eine feste Vorgabe gibt es nicht – entscheidend ist die Konsistenz: krümelig und keinesfalls breiig. Zweitens: Vor allem in der warmen Jahreszeit sollte nur so viel Weichfutter angeboten werden, wie relativ schnell gefressen wird; ansonsten müssen Sie Reste entfernen. Sonst kann es vorkommen, dass die Mischung sauer und damit für Ihre Zwerghühner gesundheitsschädlich wird.

URLAUBSVERTRETUNG

Sind Sie verreist, brauchen Sie eine Vertretung für die Versorgung der Hühner. Nehmen Sie sich die Zeit und erklären Sie ihm oder ihr Ihre persönliche „Zwerghuhn-Routine“. Meistens sind es Personen, die selbst keine Hühner haben und deshalb unsicher sind. Hinterlassen Sie auch eine Notfall-Telefonnummer, falls Sie einmal nicht persönlich erreichbar sind. Perfekt wäre hier zum Beispiel der örtliche Kleintierzuchtverein.

Gemüse, Obst und Speisereste

Selbstverständlich können Sie Ihren Zwerghühnern jegliche Art von Gemüse- und Obstresten verfüttern (ausgenommen rohe Kartoffeln). Es ist eine gute Idee, in der Küche eine Schüssel stehen zu haben, in der alle Abschnitte gesammelt werden. Wenn Sie sie immer zur gleichen Zeit zu Ihren Zwerghühnern bringen, lernen diese es sehr schnell, was die „rote" Schüssel in Ihrer Hand bedeutet und sind sofort zur Stelle.

Gerne ist man geneigt, alles immer in schnabelgerechte Stücke zu zerkleinern. Doch das ist nicht nötig – zumindest beim Verfüttern als Leckerbissen (als Krümelfutter-Zutat sollte das Obst und Gemüse natürlich geraspelt oder sonstwie zerkleinert sein, damit die typische Konsistenz erreicht wird). Eigentlich ist das Gegenteil fast besser: Indem die Zwerghühner ihre Portion abpicken müssen, werden sie zu mehr Aktivität angeregt. Selbst Kohlstrünke werden problemlos bearbeitet, sodass wirklich kaum noch etwas übrig bleibt.

Steht in Ihrem Zwerghuhnauslauf ein Apfelbaum, werden Sie sehen, dass Ihre Tierchen die herabgefallenen Äpfel lieben. Aber auch ein in den Auslauf geworfener Apfel, eine Birne, eine Zwetschge usw. lässt Ihre Zwerghühner schnell herbeieilen und sich gierig draufstürzen. Wollen Sie es Ihren Zwerghühnern etwas leichter machen, dann treten Sie auf den Apfel oder teilen und

SALATBLÄTTER SIND EIN LECKERBISSEN FÜR DIE HÜHNCHEN.

stecken ihn auf ein Nagelbrett. Gerade bei Äpfeln hat man nämlich den Eindruck, als wäre die intakte Schale so etwas wie ein Hemmer. Der absolute Renner sind Bananen. Dafür lässt jedes Zwerghuhn garantiert alles liegen!

In den Auslauf gebrachte Gemüse- und vor allem Obstreste fangen unter Umständen relativ schnell zu schimmeln oder faulen an. Aus diesem Grund sollten Sie diese – sofern sie nicht gleich vollständig gefressen werden – vor allem bei warmen Temperaturen am Abend entfernen.

Noch etwas zu Speiseresten: Grundsätzlich sollten Sie stark gewürzte Speisereste Ihren Zwerghühnern nicht füttern. Gegen ein paar Nudeln, etwas Reis oder Polenta ist aber nichts einzuwenden. Selbst eine Scheibe Wurst macht ihnen nichts aus. Sie sind sogar völlig vernarrt darin. Wie so oft im Leben macht es auch hier die Dosierung. Lassen Sie einfach Ihren gesunden Menschenverstand walten.

WIE KOMM ICH DA NUR DRAN ...?

AH, SO GEHT'S ...

Aus dem Garten

Halten Sie die Augen offen, wenn Sie durch Ihren Garten gehen: Vielleicht findet sich etwas, das Ihren Zwerghühnern schmeckt. Lassen Sie ruhig auch einmal eine Gartenecke etwas verwildern; dort werden sich viele Insekten ansiedeln. Ihre Zwerghühner werden völlig aus dem Häuschen geraten, was sie dort alles finden. Und auch beim Spaziergang in der Natur dürfen Sie gerne einen Beutel mitnehmen, um Ihren Zwerghühnern ein paar Köstlichkeiten einzupacken: Hagebutten, Holunderbeeren, Bucheckern, Löwenzahn ... Sie merken recht bald, was Ihre Tierchen besonders lieben. Gerne können Sie auch für den Winter Pflanzen trocknen. Gerade Brennnesseln sind hierfür ideal. Machen Sie Bündel, trocknen sie diese und stellen Sie sie einfach im Winter in den Stall. Ihre Zwerghühner sind mit dem Abpicken beschäftigt, es kommt keine Langeweile auf und außerdem sind Brennnesseln sehr gesund. Natürlich können Sie auch eine Art Pesto, zum Beispiel ebenfalls mit Brennnessel oder mit Bärlauch, ansetzen, das Sie dann zum Weichfutter geben. Ihrer Fantasie sind hier keine Grenzen gesetzt und die Ernährung wird vielfältiger. Lassen Sie sich ruhig auf neue Wege ein.

Picken im Auslauf

„Ein großer Auslauf deckt den Tisch“, sagt man in Züchterkreisen, denn die Zwerghühner sind den ganzen Tag im Auslauf auf der Suche nach Fressbarem. Dabei finden sie Insekten, Würmer, Schnecken und dergleichen. Deshalb sollten Sie den Tieren einen weitgehend naturbelassenen Auslauf bieten, in dem sie alle diese Nahrungskomponenten finden können. Hier haben Halter mit Wechselauslauf (Seite 67) einen Vorteil: Durch die Pause, während der ein Bereich des Auslaufs für die Hühner abgesperrt bleibt, kann sich „neues Leben“ entwickeln, das von Ihren Zwerghühnern dann wieder neu entdeckt und vor allem gefressen werden kann.

Leckerbissen Keimfutter

Eine echte Kraftquelle für Ihre Zwerghühner ist sogenanntes Keimfutter. Es ist höherwertig als trockenes Körnerfutter, da es wesentlich leichter verdaulich ist.

Keimfutter selber machen ist ganz einfach: Sie können gewöhnliches Körnerfutter keimen lassen. Sind Sie fleißig, dann machen Sie es täglich frisch, ansonsten je nach Lust, Laune und verfügbarer Zeit. Als Startschuss legt man eine überschaubare Menge Körner über Nacht in lauwarmes Wasser zum Quellen. Die Menge der Körner richtet sich danach, ob sie schnell aufgefressen werden kann, damit nichts im Stall liegen bleibt und verdirbt – für fünf Zwerghühnchen kann man ungefähr eine Tasse trockene Körner rechnen. Das Einweichwasser sollte gut 2 cm über den Körnern stehen. Am nächsten Tag werden die Körner in ein Sieb abgegossen und mehrmals mit viel klarem Wasser gespült. Das ist sehr wichtig, damit sich keine krankheitserregenden Keime vermehren können.

SCHAUFELN WERDEN SCHNELL ALS „REGENWURM-ZUTAGE-BRINGER“ ERKANNT.

Die Körner schüttet man nun in ein anderes Sieb, damit die unteren Körner nach oben gelangen, und lässt das restliche Wasser vollständig ablaufen. Sie werden dann, je nach Wetterlage, im Normalfall einen Tag warm aufgestellt, aber ohne direkte Sonneneinstrahlung. Sie können das Sieb auch an die Heizung stellen. Jetzt beginnt der Keimprozess und dauert je nach Getreideart ein bis wenige Tage. Dauert der Keimvorgang länger als einen Tag, muss das Getreide täglich mehrmals mit lauwarmem Wasser gespült und wieder sehr gut abgetropft werden. Keimfähiges Getreide wird schon nach kürzester Zeit an den Kornspitzen aufplatzen und eine Sprossspitze hervorbringen. Es muss kein vollständig entwickelter Keimling zu sehen sein. Allein das Aufplatzen genügt, um hochwertiges Keimfutter zu erhalten. Dann ist die richtige Zeit, es Ihren Zwerghühnern anzubieten. Haben Sie einmal zu viel Keimfutter hergestellt, ist das nicht weiter schlimm. Sie können es ein paar Tage aufheben, sollten aber das tägliche Spülen nicht vergessen. Dann kann der Keimling auch wesentlich länger werden – Ihre Zwerghühner lieben es so oder so.

AUCH WASSER AUS OFFENEN SCHÜSSELN IST SEHR BELIEBT.

Bei allen Vorzügen, die Keimfutter mitbringt, sollten Sie daran denken, dass es nicht so einfach „nebenbei" hergestellt werden kann. Sauberkeit ist bei der Keimfutterbereitung oberstes Gebot, da sich schnell Keime ansiedeln können – also immer saubere Gefäße verwenden und das Spülen nicht vernachlässigen. Bei falscher Handhabung können durch bakterielle und pilzliche Verunreinigungen bei Ihren Zwerghühnern Gesundheitsschäden auftreten, an denen sie sogar sterben können.

Auch wenn Ihre Hühnchen das Keimfutter noch so lieben, es sollte keinesfalls der Hauptbestandteil der Fütterung darstellen; es bietet sich nur als wertvoller Leckerbissen an.

Wasser ist Lebensquell

Während Zwerghühner mehrere Tage ohne Futter überleben können, führt ein Tag ohne Wasser meist zum Tod. Deshalb müssen wir unseren Zwerghühnern ständig genügend frisches Wasser anbieten. Dabei darf die Wassertemperatur nie zu hoch sein, weil sie sonst nicht ausreichend trinken. Für Sie als Halter heißt das, die Tränke immer an einem schattigen Ort, am besten im Stall, zu platzieren und das Wasser im Hochsommer wenn nötig mehrmals täglich zu erneuern. Ihre Zwerghühner werden es Ihnen danken.

LECKER, PFÜTZE!

Erschrecken Sie nicht, wenn Ihre Zwerghühner trotz kühlem, sauberem Wasser in der Tränke, aus einer Regenpfütze im Auslauf trinken, die Sie als äußerst schmutzig empfinden. Das scheint normal zu sein und schadet nicht. Eine Erklärung kann sein, dass Regenwasser weicher und nicht wie unser Trinkwasser aufbereitet ist.

Den Stall sauber halten

Zwerghühner sind sehr reinlich und Sie sehen ihnen förmlich an, wie sie sich in einem gepflegten Umfeld wohlfühlen. Dabei beschränkt sich Ihr Pflegeaufwand meistens darauf, Stall und Auslauf sauber zu halten – das ist übrigens auch die beste Gesundheitsvorsorge für Ihre Zwerghühner.

Zwerghühner sind eigentlich sehr saubere Tiere. Da sie im Gegensatz zu anderen Heimtieren aber in einem Stall statt im Haus gehalten werden, fällt natürlich Stallarbeit an. Ein Begriff, den Sie sonst wahrscheinlich eher im Zusammenhang mit Pferden, Rindern und Schafen in Verbindung bringen als mit ein paar Zwerghühnchen. Ehrlich gesagt passt das auch viel besser zu diesen Großtieren. Und dennoch haben Sie bei Zwerghühnern mit anderen Gegenständen und Utensilien zu tun als bei der Pflege von beispielsweise Hund und Katze. In gewisser Weise sind Hühner dem Landwirt gedanklich näher als dem Aquarianer. Trotzdem ist die Stallpflege beziehungsweise die Versorgung Ihrer Zwerghühner vom Arbeitsaufwand sehr überschaubar. Vor allem, wenn Sie bereits im Vorfeld praktisch planen.

Einstreu erneuern

Wenn Sie Ihre Tiere auf Tiefstreu halten (Seite 65), können Sie hin und wieder die Einstreu etwas aufharken und auch eine Handvoll Stroh oder trockenes Gras vom Rasenmähen zugeben. Vor allem im Winter ist das Scharren darin für Ihre Zwerghühner eine ideale Beschäftigungstherapie. Eine Handvoll Getreidekörner in die Einstreu gestreut, regen sofort zum Scharren an und tragen damit zum Wohlbefinden Ihrer Zwerghühner bei.

In der Einstreu selbst ist selbst nach langer Zeit der Kotanteil sehr gering. Da Ihre Zwerghühner den meisten Kot nachts auf dem Kotbrett abgeben und tagsüber draußen unterwegs sind, können Sie die Tiefeinstreu sehr lange im Stall liegen lassen. Darin entwickelt sich ein Mikroklima, das ideal auf Ihre Zwerghühner abgestimmt ist. Sinnvoll ist es, wenn Sie zum Beispiel einmal im Monat mehrere Eimer voll Einstreu herausnehmen und frisches Tiefstreugemisch aufschütten. Einmal jährlich wird die komplette Tiefstreuschicht ausgetauscht.

Hühnerhaufen entfernen

Wenn Ihre Zwerghühner nachts auf ihren Sitzstangen verbringen, produzieren sie die Hauptmenge ihrer Ausscheidungen. Dass der meiste Teil dieses Nacht-

kotes nicht die Einstreu belastet, verhindert ein unter den Sitzstangen angebrachtes Kotbrett (Seite 57). Werden am Abend auf das saubere Brett ganz dünn Hobelspäne aufgestreut, Zeitung ausgelegt oder auch Holzasche daraufgegeben, lässt sich der Kot morgens einfach entfernen. Dies sollte täglich geschehen, denn dieser reine Kot gibt Gase ab und bindet sehr viel Sauerstoff, außerdem geht von ihm eine nicht unerhebliche Geruchsbelästigung aus.

DIE EINSTREU IM STALL IST LEICHT SAUBER ZU HALTEN.

Gegen die Rote Vogelmilbe

Kontrollieren Sie in regelmäßigen Abständen die Sitzstangen und Legenester. Sie sind die klassischen Hotspots für die Rote Vogelmilbe, einer der bekanntesten Hühnerparasiten (Seite 99). Innerhalb kürzester Zeit kann es von einem geringen Befall, über den Sie sich noch keine großen Gedanken machen müssten, schnell zu einer regelrechten Explosion dieser Plagegeister kommen. Hauptsächlich, wenn auf Regen sehr warmes Wetter folgt, kann man dieses Phänomen beobachten. Schauen Sie hier also lieber einmal mehr nach! Denn früh entdeckt, lässt sich die Rote Vogelmilbe gut in den Griff bekommen.

Einmal im Jahr, am besten wenn Sie die Tiefeinstreu komplett auswechseln, sollten Sie den Stall desinfizieren. Dazu bietet der Landhandel wirksame Präparate an. Sie werden in Wasser verdünnt und dann auf Nestwände, Sitzstangen und sonstige Geräte gesprüht. Die meisten Desinfektionsmittel wirken erst ab etwa 15 °C, sodass eine Desinfektion in den Wintermonaten nicht den gewünschten Effekt erzielt.

AB AUF DEN KOMPOST

Der Nachtkot vom Kotbrett kann zusammen mit der regelmäßig entnommenen Tiefstreumenge und sonstigen Gartenabfällen vermischt, kompostiert und mit der Zeit zu einem sehr wertvollen Gartendünger werden. Haben Sie diese Möglichkeit nicht, fragen Sie bei Ihrem örtlichen Entsorger nach, in welcher Tonne Sie Kleintiermist entsorgen müssen – was aber angesichts des wertvollen Rohstoffs eigentlich schade wäre.

Klein, aber fein: die Eier

Während viele Heimtiere nur zur Freude und Gesellschaft der Menschen gehalten werden, bieten Zwerghühner ein Extra: eine nicht zu unterschätzende Zahl köstlichster Eier! Superfrisch – und wer das möchte sogar noch nestwarm – sind sie kleine Wunderwerke der Natur, um die Sie viele beneiden werden.

Häufig hört man –während erster Überlegungen zur Anschaffung von Hühnern –, dass es auf die Eier gar nicht so ankommt. Kaum hat man sie aber erst einmal probiert, will man nicht mehr darauf verzichten. Spielen Sie also im Vorfeld ruhig einmal mit dem Gedanken; schließlich ist die Rassewahl hierfür ganz entscheidend.

Grundsätzlich legen alle Zwerghuhnrassen Eier, denn sie sind ja zum Arterhalt zwingend nötig. Natürlich kann man alle Zwerghuhneier auch essen. Kenner sind der Ansicht, dass Zwerghuhneier sogar intensiver schmecken als Eier von großen Hühnerrassen. Probieren Sie es einfach.

Was der Bruttrieb damit zu tun hat

Ursprünglich legen Hühner und Zwerghühner nur Eier, um sich fortzupflanzen. Die Anzahl war bei der Wildform und bei den Anfängen der Hühnerzucht sehr überschaubar, da die Henne die Eier ja bebrüten musste und während dieser Zeit keinen Nachschub legte. Das ist übrigens noch heute so: Eine brütende Henne legt keine Eier (mehr dazu auf Seite 104ff.)!

Es war ein langer züchterischer Prozess, die Eieranzahl zu steigern. Spitzenleistungen zu Beginn des 20. Jahrhunderts von mehr als 90 Eiern im Jahr waren nur möglich, weil der Bruttrieb züchterisch bei manchen Rassen (aber nicht allen) immer mehr zurückgedrängt wurde. Und die Züchtungsarbeit ging immer weiter …

Es gibt heute Rassen, die noch einen sehr starken Bruttrieb haben, andere haben diesen überhaupt nicht mehr und wieder andere brüten sehr unzuverlässig. Wenn Sie keine Küken in Naturbrut, also durch eine Glucke ausbrüten lassen wollen, sind sie in diesem Punkt bei der Rassewahl vollkommen frei. Grundsätzlich gilt: Je intensiver der Bruttrieb der Rasse, desto geringer die zu erwartende Eieranzahl. Im Umkehrschluss bedeutet das für Sie, eine nicht-brütende Rasse zu wählen, wenn Sie möglichst viele Eier wollen.

GELEGT IST DAS EI JETZT MAL – OB HIER ABER AUCH KÜKEN SCHLÜPFEN?

Heutige Rassen mit stark ausgeprägtem Bruttrieb legen zwischen 50 und 70 Eier pro Jahr. Nicht-brütende Rassen bringen es auf Spitzenleistungen von bis zu 180 Stück. Entscheidend für solche Stückzahlen sind aber neben der Rasse auch die Haltungsbedingungen und die Wettersituation. Schlechte Haltungsbedingungen wie Zugluft, Feuchtigkeit im Stall, Stress usw. schlagen sich direkt auf die Legeleistung nieder.

RASSEN MIT STARKEM BRUTTRIEB

- Chabo
- Federfüßige Zwerghühner
- Zwerg-Cochin
- Zwerg-Seidenhühner
- Zwerg-Yokohama

RASSEN OHNE BRUTTRIEB

- Ostfriesische Zwerg-Möwen
- Zwerg-Hamburger
- Zwerg-Rhodeländer
- Zwerg-Welsumer

Winterzeit, Ruhezeit

Im Winter geht die Legetätigkeit auf natürlicher Weise zurück; manche Zwerghuhnrassen stellen das Eierlegen ganz ein. Schuld ist die geringere Lichtdauer. Schließlich sind mindestens 14 Stunden Licht nötig, um die Legetätigkeit aufrechtzuerhalten. Wer also auch im Winter eine stattliche Eierzahl haben will, muss durch Kunstlicht den Tag „verlängern". Verlängern Sie aber bitte den Morgen und nicht den Abend. Abends sind Ihre Zwerghühner nämlich müde und gehen bald auf die Stange. Morgens jedoch sind sie sofort im Stall aktiv. Eines sollten Sie aber bedenken: „Ein Winterei frisst zwei Sommereier", sagt eine alte Züchterweisheit. Das soll heißen, dass der Aufwand, den die Henne im Winter leisten muss, um ein Ei zu produzieren, im Sommer für zwei reichen würde, und sie deshalb im Sommer nicht mehr so viele Eier legen kann. Schließlich ist die Gesamtzahl, die eine Henne legen kann, begrenzt.

Wenn es Ihnen auf die Eieranzahl nicht so sehr ankommt und Sie nicht allzu früh im Jahr Bruteier benötigen, können Sie Ihre Zwerghühner im natürlichen Rhythmus belassen. Nichtsdestotrotz gibt es Zwerghuhnrassen, die als ausgesprochene Winterleger bekannt sind (sie legen natürlich auch Eier im Sommer): Zwerg-Rhodeländer, Deutsche Zwerg-Lachshühner, aber auch Zwerg-Welsumer kann man dazuzählen.

Größen und Farben

Sehen Sie zum ersten Mal ein Zwerghuhnei, sind Sie bestimmt überrascht, wie groß es ist. Natürlich ist die Größe immer im Verhältnis zur Körpergröße zu sehen. Von einer Zwerghenne mit einem Lebendgewicht von 500 g werden Sie bestimmt kein Ei von 40 g und mehr erwarten können. Dennoch gibt es Rassen, die in der Eigröße mancher Großrasse nicht nachstehen. Man denke nur an die Zwerg-Welsumer, bei denen Eier mit mehr als 50 g nicht selten sind. Ganz klar ist aber, dass diese Spitzenleistungen nur zustande kommen, wenn die Rahmenbedingungen stimmen, vor allem in Sachen Fütterung.

DER DIREKTE VERGLEICH ZEIGT: SOOOO KLEIN SIND ZWERGHUHNEIER GAR NICHT.

Auffallend ist bei jedem Zwerghuhnei der große Anteil des Dotters im Vergleich zum Eiweiß. Dieses Verhältnis ist im Vergleich zu großen Eiern markant und hat direkten Einfluss auf den Geschmack, der intensiver ist. Doch nicht nur das. Spätestens wenn Sie einmal mit Zwerghuhneiern gebacken oder gekocht haben, fällt es Ihnen auf. Haben Sie Besuch zu Kaffee und Kuchen eingeladen, werden Fragen nach „Lebensmittelfarbe" bestimmt auftauchen, so gelb ist häufig ein Bisquitboden.

Apropos Farbe: Die Eierschalenfarbe von Zwerghühnern variiert von Rasse zu Rasse. Neben braunen, weißen und türkisfarbenen Eiern gibt es auch solche mit einem rosafarbenen Schein, hellbraune, dunkelbraune, mit rauer oder glatter Schale. Wie das Aussehen ist auch die Eierfarbe für eine Rasse charakteristisch. Von den Inhaltsstoffen sind sie nahezu identisch; und die Behauptung, dass türkisfarbene Eier einen niedrigeren Cholesteringehalt haben als weiße Eier, ist nichts anderes als ein Verkaufsargument. Und genau dafür scheinen wir anfällig zu sein. So sind braune Eier beliebter. Damit verbinden wir eine eher naturnahe Haltung. Es ist aber nur eine Assoziation; die Schalenfarbe sagt nichts über die Haltungsform aus. Sie können sich völlig frei entscheiden, welche Schalenfarbe Ihnen lieber ist beziehungsweise das Ei genießen, das die von Ihnen gewählte Rasse legt. Außer der Farbe gibt es keine Unterschiede. Vielleicht wollen Sie auch „bunte" Eier aus dem Nest nehmen – dann halten Sie eben verschiedene Rassen.

Die Vermutung, dass weiße Zwerghühner weiße und braune Zwerghühner braune Eier legen, stimmt ebenfalls nicht. Welche Eierfarbe hätten denn dann gestreifte, gepunktete oder gar schwarze Hühnchen, und wer mag nach dieser Theorie wohl der Produzent von türkisfarbenen Eiern sein? Entscheidend ist

BEI DIESER ZWERG-COCHIN-HENNE SIND BRAUN GEFÄRBTE EIER ZU ERWARTEN.

ganz allein, welche Pigmente im Schalenbildungsprozess eingelagert werden – und das ist genetisch in der jeweiligen Rasse festgelegt. Sie können sich beim Voraussagen der Schalenfarbe folgendermaßen behelfen: Haben die Zwerghühnchen rote Ohrlappen, legen sie braune Eier in den verschiedensten Nuancen. Haben sie weiße Ohrscheiben, legen sie weiße Eier.

Übrigens lässt mit zunehmender Legetätigkeit die Intensität der Eierschalenfarbe merklich nach. Das ist lediglich ein optisches Kriterium; die Inhaltsstoffe der Eier hingegen verändern sich nicht.

Die Lege-Karriere einer Henne

Jede Rasse und jede einzelne Henne hat ihr spezifisches genetisches Potenzial im Hinblick auf die Legeleistung. In der Regel mit sechs bis sieben Monaten beginnt eine Henne zu legen. Bei im Frühjahr erbrüteten Küken bedeutet das, dass sie im Frühherbst mit dem Legen kleinerer Eier starten und dann mit dem Winter zunächst zur Ruhe kommen. Im nächsten Frühjahr, wenn das Tageslicht wieder länger wird, steigt die Legetätigkeit an und kommt zum Höhepunkt, wobei die Eier größer werden. Im nächsten Jahr legen Ihre Zwerghühner meistens noch etwas größere Eier – sie werden jetzt als Althennen bezeichnet –, die Legeleistung des Vorjahres erreichen sie aber nicht mehr.

In den Folgejahren bleibt die Eigröße zwar konstant, doch lässt die Legeleistung immer mehr nach, das heißt, die Zeit zwischen zwei Eiern verlängert sich. Haben Sie Interesse an einer möglichst hohen Zahl an Eiern, können Sie Ihren Bestand durch Junghühner ergänzen.

GEHT ES BALD LOS?

Wenn eine Junghenne demnächst mit dem Legen beginnt, merken Sie es deutlich: Kamm und Kehllappen werden voller, die ganze Figur auch, vor allem der Legebauch hinter den Läufen. Die Junghenne ist zu Beginn etwas hektisch, sucht einen Platz zum Legen, um dann mit fortschreitender Legetätigkeit ruhiger zu werden.

Vom Umgang mit Zwerghühnern: das Handling

Es gibt immer wieder Situationen, in denen Sie ein Zwerghuhn in die Hand nehmen müssen. Sei es beim Tierarzt, bei der Kontrolle des Gefieders oder der Nase. Dabei ist es natürlich gut, wenn Ihre Zwerghühner es gewohnt sind, angefasst zu werden.

Verhältnismäßig viele Menschen haben zunächst Schwierigkeiten, ein Zwerghuhn richtig anzufassen. Wahrscheinlich ist ein Grund, dass die Körperform nicht so klar umrissen ist, wie es beispielsweise bei Kaninchen oder Katzen der Fall ist. Es ist aber wichtig, dass Sie die Kenntnis ausstrahlen und Ihrem Zwerghuhn vermitteln, dass Sie es im wahrsten Sinne im Griff haben. Diesbezüglich sind Zwerghühner sehr feinfühlig. Haben Sie nämlich das richtige Handling, ist das sowohl für Ihr Zwerghuhn, aber auch für Sie völlig stressfrei. Und keine Sorge: In gewisser Weise ist das reine Gewöhnung. Schöner Nebeneffekt: Auch wenn Zwerghühner nicht gerade Streicheltiere sind, können sie es durchaus lieben lernen, von ihrem Halter auf den Arm genommen zu werden.

Nutzen Sie immer auch Ihre Stimme, wenn Sie mit Ihren Zwerghühnern umgehen. Sie werden Sie erkennen und wesentlich ruhiger sein.

FEDERFÜßIGE ZWERGHÜHNER SIND NEUGIERIG UND ZUTRAULICH. SIE LASSEN SICH MEIST AUCH GERN ANFASSEN UND STREICHELN.

SO GETRAGEN FÜHLT SICH DIE JUNGHENNE WOHL.

Zwerghühner tragen ...

Oft sieht man, wie Menschen Hühner an den Flügelansätzen hochnehmen. Dies schadet zwar kurzfristig nicht, bereitet den Tieren aber mit Sicherheit Schmerzen. Schon alleine aus diesem Grund sollten Sie das Ihren Zwerghühnern nicht zumuten. Auch ein Festhalten an den Läufen mit dem Kopf nach unten sollte man unterlassen und lediglich dem Tierarzt für die kurze Zeit der Untersuchung gestatten. Durch die gewisse Flüchtigkeit der Zwerghühner ist ein einfaches Andrücken an den menschlichen Körper ebenfalls nicht zu empfehlen, weil das Hühnchen auf diese Weise leicht entwischen kann.

Es gibt aber einen Handgriff, um Zwerghühner sicher und völlig schmerzfrei zu halten. Damit sind auch beim Tierarzt die meisten Untersuchungen möglich. In den meisten Fällen wird Ihr Tierarzt überrascht sein, wie sicher Sie Ihr Zwerghuhn halten. Bei dieser Methode greifen Sie dem Tier mit dem Zeigefinger von vorne zwischen die Beine, während Ring-, Mittel- und kleiner Finger auf der einen, der Daumen auf der anderen Seite die Beine fixieren. Das Hühnchen liegt demnach je nach Größe auf Ihrer Handfläche und dem Unterarm mit der vollen Brust auf und fühlt sich geborgen. Nun können Sie das Zwerghuhn mit dem Kopf in Richtung des menschlichen Körpers sachte heranführen. So bieten Sie dem Tier ein Gefühl der Sicherheit. Obwohl die Flügel in dieser Haltung nicht festgehalten werden, schlagen die wenigsten Tiere damit. Sollte es dennoch passieren, kann man mit der freien Hand die Flügel vorsichtig nach unten drücken.

Da das Fangen an sich für Zwerghühner immer mit gewissem Stress verbunden ist, sollte man, sofern es sich nicht um eine ausgesprochen ruhige Rasse handelt, das entsprechende Tier bereits am Abend vor einem Transport von der Sitzstange nehmen und in einen separaten Käfig setzen.

AUF REISEN – EINE TRANSPORTKISTE SPEZIELL FÜR GEFLÜGEL.

... und transportieren

Übliche Behältnisse für den Transport von Katzen und sonstigen Kleintieren sind für Zwerghühner nicht besonders gut geeignet, da die Öffnungen mit freier Sicht relativ groß sind und die Hühnchen ständig dorthin streben. Sie sollten immer nur als Notbehelf verwendet und dann die große Tür mit einem Tuch abgehängt werden. Ihr Zwerghuhn ist dann viel ruhiger.

Der Fachhandel bietet dagegen sehr funktionelle Lösungen an. Man kann auch ein einfaches Transportbehältnis, für die kurze Fahrt zum Tierarzt beispielsweise, selbst aus leichten Holzbrettern anfertigen.

Für ein einzelnes Huhn sollte man als Grundfläche etwa 40 x 40 cm und eine Höhe von ebenfalls 40 cm wählen. Bevor der eigentliche Deckel mit dem Tragegriff und Scharnieren an die Kiste montiert wird, ist es sinnvoll, einen abnehmbaren Zwischendeckel aus dünnem Holz anzubringen. Dann kann Ihr Zwerghuhn nicht sofort herausspringen, wenn man den Deckel öffnet. Als Lüftung genügt es, wenn im oberen Drittel der Kistenseiten mehrere Löcher mit etwa 40 mm Durchmesser ausgeschnitten werden.

Streuen Sie vor der Fahrt die Transportbox mit einer dicken, saugfähigen Schicht Hobelspänen aus, denn die Hühnchen geben durch den Stress während des Transports meistens relativ viel dünnflüssigen Kot ab.

Alternativ können Sie auch einen stabilen Karton verwenden, in den Sie ausreichend Luftlöcher schneiden. Zur Sicherung des Deckels hat es sich bewährt, den gesamten Karton mit einer Schnur zu umbinden, damit die Zwerghühner nicht auf einmal im Auto ungeplant Freilauf bekommen. Solch ein Karton bietet sich vor allem dann an, wenn Sie nur sehr wenige Hühnchen haben und keine Transportkiste lagern wollen.

Mit Zwerghühnern zur Ausstellung

Für Sie sind Zwerghühner höchstwahrscheinlich einfach „nur" eine Bereicherung Ihres Lebens. Sie wollen Eier sammeln, sich an ihnen erfreuen und mit dem Federvieh Ihren Garten beleben. Es gibt aber auch Menschen – jeden Alters übrigens –, die einen Schritt weitergehen: Sie wollen züchten!

Nicht wenige Hühnerhalter sehen im Züchten von Zwerghühnern ein schönes Hobby und engagieren sich sehr stark. Manchmal ist bei ihnen das Jahr sogar rund um die Zwerghuhnzucht getaktet: Frühjahr und Sommer sind der Aufzucht vorbehalten, Herbst und Winter sind für die Ausstellungen reserviert.

Die Zucht nach einem vorgegebenen Standard, unter Berücksichtigung der rassetypischen Merkmale, existiert für alle Zwerghuhnrassen und Farbenschläge. Im Rassestandard wird die richtige Größe, Gefiederfarbe, Zeichnung, Lauffarbe, Kammform und anderes detailliert beschrieben und festgelegt.

Auch wenn Sie diesen Schritt vielleicht (noch) nicht tun wollen, sind gerade Zwerghuhnzüchter für Sie die richtigen Ansprechpartner, wenn es etwa darum geht, an gesunde und optimal entwickelte Zwerghühner einer bestimmten Rasse und eines bestimmten Farbenschlages zu kommen. Neben den örtlichen Kleintier- und Geflügelzuchtvereinen sind viele Züchter zusätzlich in Sondervereinen organisiert; dort treffen sich Züchter einer Rasse oder eines Farbenschlages. Da Sondervereine bundesweit vertreten sind, können Sie von dort Züchteradressen in Ihrer Gegend vermittelt bekommen (Adressen von Sondervereinen finden Sie auf Seite 123).

Zwerghühner züchten

Grundlage einer Zucht nach Schönheitsmerkmalen sind Elterntiere, die möglichst frei von Fehlern sind, wie sie der Standard festlegt. Je nach Entwicklungszeit der jeweiligen Rasse wird der Züchter in den Monaten März, April oder Mai eine Anzahl Eier in einem Brutapparat oder unter der Glucke ausbrüten lassen. Sein Ziel dabei sind Jungtiere, die in den Standardmerkmalen etwas besser sind als ihre Eltern. Nach etwa sechs bis acht Wochen werden die Jungen mit vom Zuchtverband bezogenen Kunststoffringen mit eingravierter Nummer beringt. Der Ring ist gleichzeitig ein Abstammungsnachweis.

Da nie alle Jungtiere dem vom Standard festgelegten Schönheitsideal entsprechen, wird ein Züchter versuchen, mehr Jungtiere aufzuziehen, als er am

Ende benötigt. Tiere mit kleinen Schönheitsfehlern wird er im Lauf der Aufzuchtphase abgeben. Für Sie ist dies eine gute Gelegenheit, Junghühner zu bekommen.

Bei der Ausstellung

Um an Ausstellungen auf Orts-, Kreis- oder Bundesebene teilnehmen zu können, muss man Mitglied in einem Kleintier- beziehungsweise Geflügelzuchtverein sein. Etwa sechs Wochen vor dem eigentlichen Ausstellungstermin legt man dann fest, mit wie vielen Tieren man an der Schau teilnehmen will.

Die Hühnchen werden für das Ereignis besonders schön gemacht. So wäscht man ihnen die Füße und schneidet unter Umständen andersfarbige Federn ab. Am sogenannten Einlieferungstag werden die Zwerghühner in Einzelboxen gesetzt, in denen sie mit Wasser und Futter versorgt sind. Am anderen Tag bewerten dann speziell ausgebildete Preisrichter die Tiere nach dem gültigen Standard, wobei eine Bewertungskarte mit Vorzügen, Wünschen und Mängeln angefertigt wird. Das Urteil endet in einer Note, die von „vorzüglich" über „hervorragend", „sehr gut", „gut", „befriedigend" bis „ungenügend" reicht. Nach der Bewertung wird dann die Ausstellung für Besucher geöffnet.

Wenn Sie sich der Zwerghuhnzucht und Ausstellungen verschreiben möchten, sollten Sie von Anfang an daran denken, dass dies eine ganze Menge Zeit kostet. Es ist eine echte Freizeitbeschäftigung, die aber auch mit sehr viel Freude, Aktivität und Entspannung verbunden ist.

BALD JUNGHÜHNER ABZUGEBEN!

Hühner gesund erhalten

Wenn Sie Ihre Zwerghühner artgerecht füttern und halten, sind sie recht robuste Tierchen und Krankheiten und Verletzungen werden die Ausnahme bleiben. Aber selbst bei idealen Rahmenbedingungen kann es vorkommen, dass einmal ein Hühnchen krank wird.

Das Auge des Bauern macht den Ochsen fett“, sagt eine alte Bauernweisheit – und die scheint auch auf Hühner zuzutreffen. Gemeint ist damit, dass Sie als Halter aufmerksam sind und genau beobachten. Natürlich haben Sie zu Beginn ihrer Hühnerhalter-Karriere noch nicht so viel Erfahrung; doch wird diese von Tag zu Tag größer. Manche Dinge, die Ihnen im ersten Jahr noch Kopfzerbrechen bereiten, sind später kaum noch eine Erwähnung wert.

Alles fit? Ein täglicher Kontrollblick ...

Unverzichtbar ist die tägliche Kontrolle, am besten während der Fütterungszeit. Wenn Sie Ihre Tiere gut kennen, sehen Sie sehr schnell, ob die Hühnchen fit sind. Folgende Checkliste mit einfachen, aber sehr verlässlichen Kontrollpunkten gibt Ihnen schnell Aufschluss.

- Das Wesen Ihrer Zwerghühner muss sich Ihnen zeigen. Alle Abweichungen vom rassetypischen Verhalten sollten Sie skeptisch machen. Eine genaue Kontrolle ist hier wichtig.

- Der Kot gesunder Zwerghühner ist normalerweise grünbraun mit weißen Einlagerungen und relativ fest geformt. Dazu geben Zwerghühner noch sogenannten Blinddarmkot ab. Dieser ist hellbraun und etwas flüssiger. Meistens sieht er wie etwas Durchfall aus. Der Kot ist der wichtigste Parameter für die Gesundheit der Zwerghühner und sollte deshalb immer besonders beachtet werden. Die Gesundheit – und leider auch oft der Tod – kommt nicht selten aus dem Darm.

- Das Gefieder sollte der Rasse entsprechend glatt anliegen und die einzelnen Federn vollständig vorhanden sein. Eine sichtbare Schuppenbildung außerhalb der Mauserzeit kann auf Parasiten hinweisen. Ebenso ein zu stark beanspruchtes Gefieder. Es sieht dann stumpf aus und fühlt sich auch so an.

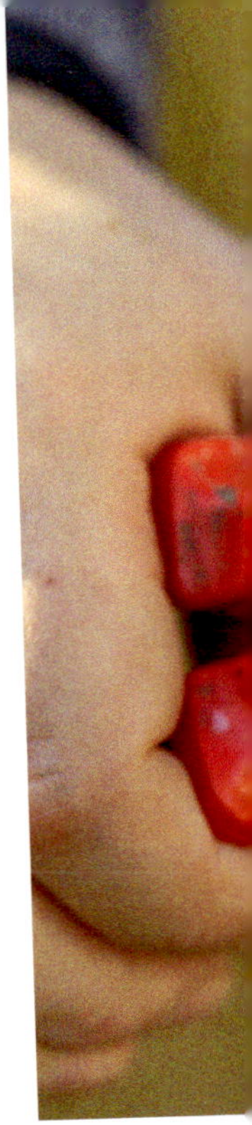

PEDIKÜRE FÜRS ZWERGHUHN – MANCHMAL IST DAS NÖTIG.

- Die Haut um die Kloake und diese selber sollten absolut sauber sein. Auch darf das Gefieder im Afterbereich nicht verklebt sein, da dies ein sicheres Zeichen von Durchfall ist. Gerade bei Rassen mit weichem, üppigem Aftergefieder kann man das sehr gut kontrollieren.

- Die Augen müssen klar und leuchtend sein. Jegliche Schwellung oder Ausfluss deuten auf eine Krankheit hin, bei der man sofort den Rat des Tierarztes einholen sollte.

- Die Nasenlöcher müssen frei sein und dürfen keinen Ausfluss zeigen. Hin und wieder kann eine Reinigung nötig sein. Verwenden Sie dazu am besten den Federkiel einer Schwinge. Er ist flexibel und doch steif genug, um eventuell angetrocknetes Sekret herauszupulen. Am besten gelingt dies, wenn eine zweite Person das Zwerghuhn hält und Sie das Nasenloch reinigen.

- Gekrümmte Körperhaltung, die zumeist mit gesträubtem Gefieder auftritt, ist ein sicheres Zeichen dafür, dass etwas nicht in Ordnung ist. Hier sollten Sie umgehend den Tierarzt aufsuchen. Auf jeden Fall sollten Sie Ihr Zwerghuhn sofort in die Hand nehmen und die Konstitution prüfen. Manchmal zeigen Zwerghühner dieses Verhalten erst, wenn es ihnen richtig schlecht geht.

Die Krallen pflegen

Die Krallen Ihrer Zwerghühner wachsen ständig nach, also genauso wie unsere Nägel. Während wir sie regelmäßig schneiden, nutzen sich die Krallen Ihrer Zwerghühner normalerweise auf natürliche Weise ab – gerade bei härterem Untergrund, schließlich scharren sie sehr intensiv. Bleiben Ihre Zwerghühner aber längere Zeit im Stall oder laufen sie fast immer auf weichem Untergrund, kann es vorkommen, dass die Krallen nicht genügend abgenutzt werden. Auch bei mehrjährigen Tieren sind in der Regel die Krallen deutlich länger als bei Junghühnern. Egal, welcher Fall eintritt: Wenn die Krallen zu lang sind, müssen Sie sie schneiden. Am besten verwendet man dazu einen speziellen Krallen-

schneider, wie man ihn zum Beispiel für Hundekrallen verwendet. Alternativ können Sie auch einen Nagelclipper oder auch einen Seitenschneider nehmen, um das tote Horn abzuschneiden. Schneiden Sie keinesfalls zu weit, damit sie die Blutgefäße nicht verletzen. Bei heller Krallenfarbe sehen Sie sehr gut, wie weit das Blutgefäß in der Kralle nach vorne reicht. Sollten Sie trotz größter Vorsicht einmal das Blutgefäß verletzen, kann ein Tuch mit sehr kaltem Wasser die Blutung relativ schnell stoppen. Für den Anfänger ist es sinnvoll, sich das Krallenschneiden das erste Mal von einem Tierarzt oder erfahrenen Zwerghuhnhalter zeigen zu lassen.

Regelmäßige Impfungen

Viermal jährlich müssen Zwerghühner gegen Newcastle Disease geimpft werden – das ist gesetzlich vorgeschrieben (sprechen Sie mit Ihrem Tierarzt oder dem Kleintierzuchtverein). Eine Schluckimpfung zu verabreichen ist gar nicht so schwer: Dazu entfernt man zwei Stunden vor der Impfung das Trinkwasser, damit die Tiere Durst haben, und gibt dann das mit dem Impfstoff vermengte neue Trinkwasser. Die Hühnchen kommen dann sofort und trinken davon. Nachdem wirklich jedes Tier getrunken hat, kann man das Wasser wieder austauschen. Nach der Impfung können Sie die Eier bedenkenlos ohne jegliche Wartezeit essen.

Krankes Hühnchen, was tun?

Obwohl jeder hofft, dass seine Zwerghühner nicht krank werden, sollten Sie auf erste Krankheitsanzeichen frühzeitig reagieren. Wenden Sie keine Hausmittelchen an, wie man sie noch immer in der landwirtschaftlichen Hühnerhaltung kennt (denn sie schaden oft mehr, als sie nutzen), sondern suchen Sie professionelle Hilfe.

Zeigt eines Ihrer Zwerghühner Krankheitssymptome, sollten Sie möglichst umgehend den Tierarzt aufsuchen, um die anderen vor einer eventuell ansteckenden Krankheit zu schützen. Leider ist es oft nicht einfach, einen Tierarzt zu finden, der sich mit Zwerghühnern auskennt beziehungsweise einen ordentlichen Erfahrungsschatz hat. Glücklicherweise verbessert sich aufgrund der wachsenden Zahl an Zwerghuhnhaltern gerade die Lage. Fragen Sie bei erfahrenen Haltern in Ihrer Gegend nach, zu welchem Tierarzt sie mit ihren Tierchen gehen.

Mit dem Tierarzt sollten Sie auch abklären, ob nur das Einzeltier oder der gesamte Bestand behandelt werden muss: Bei sogenannten Kalkbeinen reicht eine Behandlung des befallenen Tiers, bei Kokzidien sind zum Beispiel immer alle Tiere zu behandeln.

Würmer

Spul- und Haarwürmer sind in den meisten Zwerghuhnbeständen vorhanden. Sie lassen sich selbst bei größter Reinlichkeit kaum verhindern. Denn durch das Scharren und Aufnehmen von Erde, Kerbtieren und anderem ist eine ständige Wiederinfektion nicht zu verhindern. Liegt der Wurmbefall im üblichen Rahmen, beeinträchtigt dies die Zwerghühner kaum. Da sich die Würmer zum Teil aber explosionsartig vermehren, sollten Sie Ihre Hühnchen zumindest regelmäßig durch eine Kotprobe beim Tierarzt untersuchen lassen. War man noch vor Jahren der Ansicht, mehrmals jährlich eine Entwurmung durchführen zu müssen, ist man heute hier etwas großzügiger. Schließlich halten sich Spul- und Haarwürmer nur in einem gesunden Darmklima. Ihr Tierarzt wird nach einer Kotprobenuntersuchung feststellen, ob eine Entwurmung nötig ist. Er hat auch das nötige Präparat, das in der Regel übers Wasser verabreicht wird – das Prozedere ist dann wie bei der Newcastle-Disease-Impfung (Seite 97).

EIN GLÄNZENDES FELL ODER BESSER FEDERN IST AUCH BEI ZWERGHÜHNERN EIN ZEICHEN, DASS ALLES IN ORDNUNG IST.

Außenparasiten

Das Gefieder bietet ideale Lebensbedingungen für Vogelmilben, Federlinge, Flöhe und Läuse. Dort ist es warm und hat doch die nötige Feuchtigkeit. Deshalb sollten Sie Ihre Tiere regelmäßig in die Hand nehmen und das Gefieder anheben, sodass die blanke Haut zum Vorschein kommt. Vor allem der Bereich um die Kloake ist besonders zu kontrollieren, weil sich Läuse hier bevorzugt aufhalten. Gegen diese Parasiten helfen nur Präparate, die der Tierarzt zur Hand hat.

Gegen die Rote Vogelmiere hält der Landhandel mit Kieselgur ein sehr gut geeignetes Mittel bereit. Stäuben Sie es mehrmals bevorzugt in Ritzen und besonders sorgfältig im Bereich der Sitzstange und der Nester, Sie können es auch mit ins Sandbad geben (Achtung: Bei größeren Aktionen Schutzmaske tragen; der Staub ist sehr fein und reizt die Atemwege). In Kombination mit einer einmal jährlichen Desinfektion des gesamten Stalles kann die Rote Vogelmilbe relativ gut unter

PARASITENBEFALL ERKENNEN

Daran merken Sie sofort, dass Parasiten vorhanden sind, die Sie bekämpfen sollten.

Rote Vogelmilben: Legen Sie die Hand um die Sitzstange; Rote Vogelmilben suchen einen Wirt und würden sofort auf Ihre Hand krabbeln.

Federlinge: Auf den Unterseiten der Schwingen sitzen die Federlinge sehr gerne und hier sind sie am deutlichsten zu erkennnen. Vor allem bei weißem Gefieder sieht man das gut.

Läuse: Schauen Sie den Bereich um die Kloake an, dort sitzen fast immer die Läuse.

Kontrolle gehalten werden. Seit Kurzem gibt es außerdem ein Präparat, das man den Zwerghühnern zum Trinken gibt; dann hat man bis zu vier Monate lang keine Probleme mehr mit Roten Vogelmilben. Leider wird dieses nur in 1000-kg-Lebendgewicht-Abpackungen angeboten. Eine Nachfrage beim Tierarzt schadet aber sicher nicht.

Fußräudemilben können sehr lästig sein; sie rufen das Phänomen der sogenannten Kalkbeine hervor. Im Anfangsstadium eines Befalls stellen sich die Schuppen an den Läufen auf. Reinigen Sie den gesamten Fuß zunächst mit Wasser, dann abtrocknen und üppig mit Salat- oder Babyöl einreiben. Wiederholen Sie das Einreiben über mehrere Tage, ersticken die Milben darunter. Ist die Erkrankung sehr stark fortgeschritten, müssen Sie zum Tierarzt.

Kokzidiose

Diese Krankheit wird durch einzellige Lebewesen hervorgerufen und tritt zumeist in überfüllten Ställen mit schlechter Lüftung und erhöhter Feuchtigkeit auf. Aber auch im Freien können sich Ihre Zwerghühner infizieren, wenn sie mit der Nahrung Kot aufnehmen. Während in der trockenen Jahreszeit Kokzidiose kaum auftritt, bemerkt man bei starken Regenfällen, verbunden mit nachfolgendem warmem Wetter, eine erhöhte Anfälligkeit. Die Tiere sind matt, haben struppiges Gefieder, meist Durchfall und eine verklebte Kloake. Im Grund gilt das bei einem Befall mit Würmern Gesagte: Vollkommen frei von Kokzidien werden Sie Ihre Zwerghühner kaum bekommen.

Vor allem während der Wachstumsphase müssen Sie aber aufpassen und die Kokzidien bekämpfen. Denn Küken sind dafür sehr anfällig. Aus diesem Grund verwenden viele Züchter ein Kükenfutter mit Kokzidiostatika oder lassen ihre Küken sogar dagegen impfen. Fragen Sie also bitte beim Züchter nach, ob Ihre Tiere gegen Kokzidien geimpft sind. Ist das der Fall, sind sie das ganze Leben immun. Ansonsten bleibt Ihnen nichts anderes übrig, als ein Medikament übers Trinkwasser zu verabreichen, wenn Ihnen der Tierarzt eine positive Kotprobe bescheinigt hat.

MEDIKAMENTE UND EIER

Wenn Sie Ihren Zwerghühnern Medikamente geben müssen, lesen Sie bitte den Beipackzettel oder fragen Sie Ihren Tierarzt nach eventuellen Wartezeiten: Je nach Medikament kann es nämlich sein, dass Sie für einen längeren Zeitraum weder Eier noch Fleisch von Ihren Zwerghühnern essen dürfen.

Mareksche Krankheit

Diese auch unter dem Begriff „Mareksche Lähme“ oder kurz „Marek“ bekannte Viruserkrankung befällt vor allem Jungtiere kurz vor dem Beginn der Legetätigkeit. Dabei tritt eine Lähmung der Beine oder Flügel auf, die nach längerem Siechtum durch Futter- und Wasserverweigerung zum Tod führt. In früheren Zeiten war Marek eine regelrechte Seuche, die fast ganze Jungtierbestände auslöschte. Dabei gibt es Rassen, die anfälliger sind als andere.

Überleben die Tiere die Infektion, sind sie mehr oder weniger stabil. Aufgrund der großen Sterblichkeit ist es aber für jeden ernsthaften Züchter nahezu Pflicht, seine Küken dagegen impfen zu lassen. Dies muss allerdings am ersten Lebenstag vom Tierarzt durch eine Injektion in den Schenkel geschehen – wobei wieder einmal das Problem im Raum steht, dass es nur Einheiten zu 1000 Impfdosen gibt. Schließlich werden die ganzen Medikamente und Impfstoffe für die Wirtschaftsgeflügelzucht mit ihren zigtausenden Tieren hergestellt und nicht für den kleinen Hobbyhalter. Viele Tierärzte bieten im Frühjahr deshalb Sammel-Impftermine an, zu denen Sie sich auch mit sehr kleinen Kükenzahlen anmelden können. Entweder Sie fragen bei Ihrem Tierarzt nach oder Sie schauen auf einer der Homepages der Landesverbände der Rassegeflügelzüchter nach. Denn auch hier werden Adressen genannt. Das bedeutet aber, dass Sie Ihre Küken mithilfe eines Brutapparats ins Leben bringen müssen, um den Schlupftermin genau planen zu können.

Hilfreich kann es sein, sich mit einem Züchter eines örtlichen Geflügel- oder Kleintierzuchtvereins in Verbindung zu setzen. Dort wird Ihnen sicherlich mit viel Wissen zur Marekschen Lähme und zu anderen Hühnerkrankheiten weitergeholfen, dennoch ist rund um die Gesundheit Ihrer Zwerghühner immer der Tierarzt der richtige Ansprechpartner. Er ist auch der Einzige, der Ihnen nach entsprechender Diagnose die passenden Medikamente zur Verfügung stellen und die Dosierung sowie die Behandlungsdauer festlegen kann.

Abgelaufene Medikamente dürfen Sie übrigens nicht mehr verabreichen. Diese müssen Sie wie bei Ihrer eigenen Hausapotheke ordnungsgemäß entsorgen.

EINEM GESUNDEN ZWERGHUHN MACHT AUCH EIN KURZER REGENSCHAUER NICHTS AUS – SCHÜTTELN, WEITERGEHEN ...

Nachwuchs auf dem Hühnerhof

Viele Zwerghuhnhalter spielen mit dem Gedanken, wenigstens einmal Küken ausbrüten zu lassen. Eigene Küken sind nicht nur ein Wunder der Natur, sie gehören auch zu den niedlichsten Tierkindern überhaupt. Ihr wuscheliger Federflaum und die dunklen Knopfaugen entzücken jeden. Eher als man denkt, werden aus den flauschigen Federbällen erst strubbelige, aufmüpfige Hühner-Teenager und bald darauf gestandene Persönlichkeiten der Hühnerherde.

Keine leichte Entscheidung

Was war zuerst: die Henne oder das Ei? Diese philosophische Frage beschäftigt die Menschheit schon lange, ohne dass sie je eine Antwort darauf gefunden hätte. Nichtsdestotrotz ist die Entwicklung des Kükens im Ei innerhalb von 21 Tagen ein immer wieder aufs Neue faszinierendes Phänomen.

Wenigstens einmal eigene Küken zu haben, ist der Wunsch der meisten Zwerghuhnliebhaber. Bestimmt auch von Ihnen. Und wenn dann noch eine Henne im Frühjahr zu glucken beginnt, stellen sich viele die Frage: Soll ich es wagen?

Ich kann nicht eindringlich genug davor warnen, sich unüberlegt in dieses Abenteuer zu stürzen. Bitte überlegen Sie es sich gut und vor allem sind Sie gegenüber sich selbst ehrlich. Emotionen und Wünsche sind hier die schlechtesten Ratgeber – bitte verstehen Sie es nicht falsch, aber es ist uns wirklich ein Anliegen, dass Ihre Küken ein ideales Umfeld vorfinden.

Planung statt Euphorie

Die vordringlichsten Fragen, denen Sie sich stellen müssen, sind: Wie viele Küken wollen Sie? Was passiert mit den geschlüpften Küken? Haben Sie Abnehmer für Hennen und vor allem auch für die Hähne? Denn man kann in der Regel nur einen Hahn in seiner Hühnerherde halten. Wo bringen Sie die Küken unter, wenn Sie halbstark sind? Denn sehr schnell werden aus den süßen, kleinen Flaumknäueln nicht gerade hübsche Jungtiere mit aufplatzenden Federkielen. Man könnte fast den Eindruck haben, als kämen die Jungtiere in die Pubertät. Doch gehen wir noch einmal einen Schritt zurück ...

Meistens stellt sich die Situation, die zum Ausbrüten von Küken führt, so dar: Ein Zwerghuhnhalter möchte gerne ein paar junge Hennen haben – warum diese nicht selbst nachziehen? Nun ist es aber so, dass beileibe nicht aus jedem Ei auch ein Küken schlüpft. Aus diesem Grund ist es sinnvoll, wenn Sie ein paar Eier mehr bebrüten lassen, als Sie Küken haben wollen. Selbst dann kann es vorkommen, dass sie immer noch weniger Küken haben als geplant – oder aber es schlüpfen wider Erwarten alle, dann haben Sie auf einmal eine zu große Zahl quicklebendiger Küken vor sich. Sie haben es einfach nicht in der Hand! Das trifft auch auf die Geschlechterverteilung zu. In der Theorie schlüpfen rund 50 Prozent weibliche und 50 Prozent männliche Küken.

VIER HENNEN ODER VIER HÄHNE? ODER DREI HENNEN, EIN HAHN? ODER HALBE-HALBE? ODER ...?

Ja, in der Theorie bei mehreren Tausend Küken! Da sind aber auch zwei- bis dreihundert in die eine oder andere Richtung nicht ausschlaggebend. Für Sie kann das aber zum Beispiel bedeuten: zehn Küken = zehn Hähne oder eine Henne und neun Hähne. All das wäre im Rahmen und in Ordnung – aber für Sie höchstwahrscheinlich ein Problem.

Sie müssen sich also unbedingt vor dem Start ins Abenteuer Gedanken machen, was mit den Jungtieren geschehen soll. Im Alter von fünf bis sechs Monaten können die Junghennen meist ohne größere Probleme in die restliche Hühnerschar integriert werden, für die Junghähne gibt es diese Möglichkeit nicht. Es würde zu großen Rangeleien bis hin zu ausgeprägten Kämpfen kommen. Findet man andere Zwerghuhnhalter, die einen Junghahn wollen, kann man diesen Problemen aus dem Weg gehen. In der Praxis ist es aber oft so, dass jeder Junghennen will und keiner Hähne. So sollte man auch den Gedanken nicht verwerfen, solche Tiere schlachten zu lassen und in der Küche zu nutzen. Zwerghühner werden einfach immer einen gewissen Nutztiercharakter besitzen. Wer das nicht möchte und im Vorfeld auch keine Leute findet, die, wenn es hart auf hart kommt, mehrere Hähne übernehmen würden, darf sich nicht auf das Ausbrüten von Eiern einlassen. Das ist dem entstehenden Leben gegenüber nicht fair.

WIE VIELE EIER?

Bei der Naturbrut ist die Größe der Zwerghenne der limitierende Faktor. Man kann ihr so viele Eier unterlegen, wie sie imstande ist, mit ihrem Körper abzudecken. Je nach Rasse können das vier bis zu zwölf Eier sein, wobei das individuelle Eigewicht eine große Rolle spielt. Normalerweise legen die meisten Zwerghennen mehr Eier, als sie bebrüten können. Ein wichtiges Zuchtziel der Zwerghühner war nämlich das Eierlegen und nicht das Ausbrüten derselben.

Vom Ei zum Küken

Damit sich das Küken im Ei ideal entwickeln kann, müssen beim Brüten einige Bedingungen unbedingt erfüllt sein. Dazu gehören hauptsächlich die richtige, konstante Temperatur und Luftfeuchtigkeit sowie das regelmäßige Wenden der Eier.

Es ist immer wieder ein Wunder, wenn aus einem Ei ein Küken schlüpft. Viele Faktoren müssen allerdings zusammenwirken, damit die Brut auch wirklich gelingt: Dafür kann entweder eine Glucke sorgen oder sie werden von einem Brutapparat gesteuert.

Natur- oder Kunstbrut?

Von Naturbrut spricht man, wenn eine Glucke die Küken ausbrütet. Die Naturbrut wird von vielen Zwerghuhnhaltern mit sehr viel Emotionen und manchmal auch einer gewissen Naivität belegt. Natürlich ist es supersüß, wenn eine Glucke mit ihren Küken über die grüne Wiese marschiert – zumindest in der Vorstellung. Im wahren Leben kann trotz entschlossener Gegenwehr der Glucke schon die Katze aus Nachbars Garten das Idyll zu einem Fiasko werden lassen, von Krähen und Elstern ganz zu schweigen.

EINE BRÜTENDE ZWERG-ORLOFF-HENNE.

Voraussetzung für die Naturbrut ist natürlich eine Henne, die konstant brütet, also über Brutlust verfügt. Das ist genetisch festgelegt: Jede Rasse besitzt eine unterschiedlich starke Brutlust, hinzukommen individuell leicht unterschiedliche Neigungen zum Brüten. Während manche Rassen so etwas wie eine „Lebensversicherung" sind – sie brüten zuverlässig regelmäßig und ausdauernd –, haben hingegen andere Rassen gar keinen Bruttrieb mehr. Anfänger in der Zwerghuhnhaltung sollten die sichere Variante wählen und Hennen von Zwerg-Cochin, Zwerg-Seidenhühner und Chabo zum Ausbrüten wählen. Diese Rassen werden auch von zoologischen Gärten gehalten, um wertvolle Fasanenarten zu erbrüten. Sie sind für ihre außerordentliche Brutlust und für ihr fürsorgliches Führen der Küken bekannt. Woran man eine brütige Henne erkennt, erfahren Sie auf Seite 111.

Während bei der Kunstbrut, zu der wir gleich kommen, Sie den Bruttermin bestimmen können, ist bei der Naturbrut die Glucke entscheidend. Erst wenn sie zu brüten beginnt, können Ihr auch Eier untergelegt werden. Natürlich wird das von Hormonen gesteuert. Je nach Wetterlage fällt dieser Zeitraum üblicherweise auf Ende April oder Anfang Mai.

Die Naturbrut ist für Sie als Halter mit sehr viel weniger Aufwand verbunden als die Kunstbrut. Trotzdem hat sich in den meisten Fällen die Kunstbrut mithilfe eines Brutapparats (und ganz ohne Glucke) durchgesetzt. Denn die Ausfallquote ist in den meisten Fällen wesentlich geringer, da die wichtigen Brutfaktoren Temperatur und Luftfeuchtigkeit von einer elektrischen Maschine gesteuert werden. Ihre Aufgabe besteht fast nur noch darin, diesen Prozess zu kontrollieren. Außerdem lässt sich der Schlupftag auf diese Weise genau planen, was Vorteile für Sammel-Impftermine beim Tierarzt oder auch die Terminierung auf ein Wochenende hat.

Heute werden kleine und sehr günstige Brutapparate angeboten, die für Sie bestimmt ausreichen. Dabei spielt es keine Rolle, ob dieser aus Kunststoff, Metall oder Holz hergestellt ist. Entscheiden Sie sich für einen Halbautomaten, müssen Sie die Eier zweimal täglich wenden, ein Vollautomat übernimmt selbst das. Wasser müssen sie in den meisten Brutapparaten selbst einfüllen, um die nötige Luftfeuchtigkeit zu erreichen. Verwenden Sie dazu am besten lauwarmes Wasser, um die Temperatur im Gehäuse möglichst gleichmäßig zu halten.

Wollen Sie keinen eigenen Brutapparat anschaffen, fragen Sie rechtzeitig bei einem Kleintierzuchtverein nach. Viele besitzen eine Brutmaschine, die bis zu mehrere Hundert Eier unter idealen Temperatur- und Feuchtigkeitsverhältnissen gleichzeitig bebrütet. Dort kann man gegen einen geringen Beitrag seine Zwerghuhneier zu einem bestimmten Termin mit einlegen.

WIE LANGE DAUERT DAS BRÜTEN?

Brütende Hennen sitzen bis zum Schlupf der Küken 21 Tage auf den Eiern, wobei man diese Frist vom Legen des letzten Eies an rechnen muss. Im Brutapparat können die Küken zum Teil schon einen Tag eher oder auch später schlüpfen – das kann mit einer höheren oder niedrigeren beziehungsweise einer schwankenden Bruttemperatur, aber auch mit dem Alter der Bruteier zusammenhängen. Küken aus älteren Eiern brauchen in der Regel ein paar Stunden länger zum Schlüpfen. Mehr zum Schlüpfen erfahren Sie auf Seite 114.

Die Auserwählten: Bruteier

Jedes befruchtete Zwerghuhnei ist ein potenzielles Brutei. Als Brutei bezeichnet man lediglich das Ei, das für die Weiterzucht ausgewählt und zum Ausbrüten unter eine Glucke oder in einen Brutapparat gelegt wird. Ob ein Ei befruchtet wurde oder nicht, kann man von außen leider nicht erkennen.

Haben Sie sich zu Nachwuchs auf dem Hühnerhof entschlossen, können Sie als erstes überlegen, ob sie nur Eier einer Henne oder die von mehreren nehmen wollen. Auch der brütigen Henne können Sie Eier verschiedener Hennen unterlegen, sie merkt nicht, welche ihre eigenen Eier und welche die ihrer Kolleginnen sind. Bevor die eigentliche Brut beginnen kann, müssen Sie also Eier sammeln und richtig lagern, bis das Brüten beginnen kann.

Bruteier auswählen ...

Zwerghuhneier unterscheiden sich hinsichtlich Größe und Form von Rasse zu Rasse und Henne zu Henne teils ganz erheblich. Für die Brut, und zwar sowohl für die Kunst- als auch für die Naturbrut, sollten Sie nur Eier von normaler, rassetypischer Größe und gleichmäßiger Form verwenden. Weder sehr runde noch sehr längliche Eier eignen sich für die Brut, da das Schlupfergebnis bei solchen Eiern erfahrungsgemäß meistens nicht sehr gut ist. Diese Eier lassen sich durch das Küken nicht so leicht „sprengen“. Aber auch hier gilt: Keine Regel ohne Ausnahme. Manche Zwerghuhnrassen legen gerade solche Eier und haben dennoch gute Schlupfergebnisse.

... und richtig lagern

Bei guten Lagerbedingungen können Sie die Eier der letzten zehn Tage verwenden, unter günstigen Bedingungen können sogar 14 Tage alte Eier noch bebrütet werden. Voraussetzungen dafür sind, dass die Eier bei Zimmertemperatur aufbewahrt und täglich ein- bis zweimal um die Längsachse langsam gedreht wurden. Das funktioniert am besten, wenn Sie die Eier in eine Eierschachtel legen, die auf der schmalen Seite auf eine Leiste gelegt wird. Dann drehen Sie die komplette Schachtel um 180 °, das reicht völlig aus. Die Eier legen Sie bitte mit der Spitze nach unten in die Schachtel, also nicht auf die Luftblase. Durch das korrekte Lagern und Wenden wird verhindert, dass die sogenannte Keimscheibe innen an der Schale anklebt und sich deshalb kein Küken entwickeln kann, außerdem wird verhindert, dass die Luftblase eingedrückt wird. Die Fahrt zum Standort des Brutapparates, sofern man keinen eigenen besitzt, sollte möglichst erschütterungsfrei stattfinden.

DIESE DREI UND WEITERE EIER KOMMEN JETZT IN DEN BRUTAPPARAT.

Es ist soweit: Das Brüten beginnt

Planung ist der halbe Erfolg – was bei der Hühnerhaltung insgesamt zutrifft, gilt insbesondere beim Brüten. Alle Dinge, die man dazu braucht, sollten im Vorfeld hergerichtet werden. Fragen Sie ruhig einen erfahrenen Züchter, ob er Ihnen während Ihres ersten Brutabenteuers zur Seite steht.

Wenn Sie eine Bruthenne, eine sogenannte Glucke, haben, haben Sie alle Möglichkeiten und können entscheiden, welche Brutart für Sie stimmig ist: Natur- oder Kunstbrut (Seite 106). Ist keine Ihrer gefiederten Damen in Brutlaune und Sie wollen trotzdem Küken, haben Sie keine Wahl: Sie müssen auf einen Brutapparat zurückgreifen. Beide Brutarten haben ihre Vor-

IST EIN HAHN MIT AN BORD, SOLLTE ES AUCH MIT DEM NACHWUCHS KLAPPEN.

und Nachteile. Bei der Naturbrut erwartet Sie der erhöhte Aufwand eher während der eigentlichen Brut, bei der Kunstbrut meist danach. Beides kann Anfängern gelingen!

Was passiert im Ei?

Egal, ob in Natur- oder Kunstbrut: Innerhalb des Eies passieren dieselben wundersamen Dinge, die nach 21 Tagen ein Küken zum Vorschein kommen lassen. Bereits nach 16 Stunden Bebrütungsdauer kann man unter dem Mikroskop erste Ähnlichkeiten mit einem Hühnerembryo erkennen. Am dritten Tag ist schon das Herz zu sehen, die Bildung der Beine und Flügel beginnt. Obwohl die Entstehung der Augen bereits früher begonnen hat, kann man sie ab dem vierten Bebrütungstag als dunkle Flecken unter dem Mikroskop erkennen. Am achten Tag ist das Gehirn vom Schädel vollständig umschlossen und der Schnabel bildet sich aus; Flügel und Beine sieht man nun viel deutlicher. Ebenfalls beginnt die Federbildung. Die Ausdehnung des Eidotters ist am zehnten Tag am größten, und der Eizahn am Schnabel, der später für das Durchstoßen der Eischale verantwortlich ist, hat sich komplett ausgebildet. Parallel dazu härtet der Schnabel aus.

Perfekte Bedingungen unter der Glucke

Entscheiden Sie sich für die Naturbrut, übernimmt die Glucke einen Großteil des Brutgeschäfts: Sie regelt die Temperatur und Luftfeuchtigkeit und wendet die Eier sehr gewissenhaft.

Sichere Anzeichen, dass eine Henne zur Brut schreiten will, sind ein plötzlich sehr ruhiges Verhalten, ein leises, fast monotones Gackern, Glucksen genannt, eine fast nackte Bauchpartie und ständiges Aufhalten im Legenest. Üblicherweise beginnt eine Henne erst zu brüten, wenn sie eine bestimmte Anzahl Eier gelegt hat. Erst, wenn sie ihre Legeserie als vollständig ansieht, „sitzt sie fest", wie der Fachmann sagt.

Nehmen Sie ihr die ersten Eier weg, sammeln und lagern Sie diese fachgerecht, wie auf Seite 108 beschrieben. Wenn Sie die benötigte Anzahl beieinander haben, legen Sie diese der Glucke wieder unter (Sie können auch Eier anderer Zwerghennen dazupacken). Dann haben Sie die Gewähr, dass die Küken zeitgleich schlüpfen. Auf jeden Fall sollte man darauf achten, dass die Henne nur so viele Eier zum Bebrüten erhält, wie sie mit ihrer Körpergröße bedecken kann. Während sie brütet, legt sie keine weiteren Eier.

Sehr häufig beginnt die Henne dort zu brüten, wo sie üblicherweise ihre Eier legt: im Legenest. Hier kann sie aber nicht bleiben, erst recht nicht, wenn die Küken schlüpfen. Die anderen Hühner würden sie stören, und da die Legenester meist erhöht angebracht sind, könnten die Küken abstürzen. Bringen Sie sie woanders unter, idealerweise von Ihren anderen Hennen abgetrennt. Das Nest sollten Sie dort einrichten, wo die Glucke ihre Ruhe hat. Eine Fläche von 70 x 70 cm reicht vollkommen aus.

Zweimal täglich geht die Glucke vom Nest, um sich zu lösen. Tut Sie das nicht von sich aus (manche Hennen nehmen das Brutgeschäft so ernst, dass sie sich freiwillig nicht von der Stelle rühren), dann heben Sie sie bitte vom Nest herunter. Erschrecken Sie nicht, wenn sie zum ersten Mal den Kothaufen sehen, den sie bald darauf hinterlassen wird. Im Verhältnis zur Tiergröße ist dieser wirklich enorm groß und stinkt auch. Nehmen Sie diesen gleich weg, damit die Glucke nicht hineintappt und die Eier anschließend verschmutzt. Bei diesem kurzen Aufenthalt außerhalb des Nests sollte sich die Zwerghenne etwas bewegen, fressen und trinken. Bieten Sie ihr ein Körnermischfutter an; auf Legemehl sollten Sie jetzt verzichten. Diese Zeit können Sie auch nutzen, um die Eier zu schieren.

Alles geregelt im Brutapparat

Übernimmt der Brutapparat den Job der Glucke, stellen Sie die Bruttemperatur zu Beginn auf 37,8 °C und eine Luftfeuchtigkeit von 50 bis 60 Prozent ein. Lassen Sie den Apparat zunächst zwei Tage leer laufen. Dann haben Sie die Gewähr, dass die Parameter auch eingehalten werden.

In den ersten zwei Tagen brauchen Sie die Eier nicht zu wenden. Dann schalten Sie die Wendungs-Funktion dazu. Hat Ihr Apparat diese nicht, wenden Sie von Hand am besten morgens und abends jeweils um eine 180 °-Drehung.

Nach fünf Tagen schieren Sie die Eier zum ersten Mal (mehr dazu im Kasten Seite 112). Alle Eier, die abgestorben beziehungsweise gar nicht erst befruchtet sind, nehmen Sie heraus. Bitten Sie vielleicht am Anfang einen kundigen Zwerghuhnhalter dazu, der mit Erfahrungen helfen kann. Nach 15 Tagen schieren sie noch einmal und sortieren bei Bedarf erneut aus.

Nach 18 Tagen legen Sie die Eier in den Schlupfraum, der auf 37,5 °C und rund 80 Prozent Luftfeuchtigkeit vorbereitet wurde. Hat Ihr Brutapparat keinen separaten Schlupfraum, regeln Sie den Apparat entsprechend um. Übrigens kann es sein, dass Sie bereits an diesem Tag die ersten ganz leisen Stimmen aus dem Ei hören. Die Eier werden jetzt nicht mehr gewendet. Und aufgepasst! Legen Sie die Eier relativ dicht beisammen, sodass sie nicht wegrollen können. Sonst kann es Schwierigkeiten beim Schlüpfen geben.

Nach 20 bis 21 Tagen schlüpfen die Zwerghuhnküken. Bevor Sie sie aus der Brutmaschine nehmen, sollten Sie einige Vorbereitungen treffen – mehr dazu auf Seite 118.

EIER SCHIEREN

Die Eier schieren bedeutet, sie zu durchleuchten, damit man einen verschwommenen Blick – ähnlich eines Schattens – auf das Innere erhaschen kann. Mit ein bisschen Übung kann man auf diese Weise befruchtete von unbefruchteten und vermeintlich lebende von abgestorbenen Embryonen unterscheiden. Das Schieren erfolgt mit einer speziellen Schierlampe aus dem Fachhandel. Aber selbst eine einfache Taschenlampe reicht aus.

EIN KLEINER BRUTAPPARAT.

Die Küken schlüpfen

Es wird für Sie kaum ein schöneres Erlebnis als das Schlüpfen „Ihrer" ersten Küken geben. Selbst nach Jahren der Hühnerhaltung, nach vielen Erfahrungen und zahlreichen Bruten verliert dieses Ereignis nichts von seiner Faszination. Die Freude an gesunden Küken ist der Lohn für viele Mühen.

Mit Sicherheit können Sie den Schlupf kaum erwarten, wenn Sie die ersten Laute der Küken aus dem Eiinneren hören. Dennoch brauchen Sie Geduld! Keinesfalls sollten Sie die Glucke stören oder die Brutmaschine öffnen, um besser hinschauen zu können. Lassen Sie der Natur ihren Lauf und ihre Zeit.

Schlupf-Phase 1: mit dem Eizahn zum Durchbruch

Die Drehung des Kopfes zur Luftblase hin kann man ab dem 14. Tag beim durchleuchteten Ei sehen. Die Federn des Kükens wachsen nun sehr schnell und die Daunen bedecken seinen ganzen Körper. Schon am 15. Tag geht das Küken in die Position über, in der es später – am 21. Tag – die Eischale aufbrechen kann. Dazu nimmt es seinen Kopf unter den rechten Flügel.

Ab dem 16. Tag wird es richtig eng im Ei. Das Eiweiß ist fast vollständig aufgebraucht, der restliche Dotter ernährt noch das Küken. Der 18. Tag ist der Zeitpunkt, an dem man Eier, die im Brutapparat ausgebrütet werden, üblicherweise von der Bruthorde in das Schlupfabteil umlegt. Das Küken im Ei ist nun nahezu vollständig entwickelt und bereit zum Schlüpfen.

Schlupf-Phase 2: Stück für Stück ans Licht der Welt

Am 19. Tag stellt das Küken mit dem Durchstoßen der Lufthülle mit dem Eizahn seinen Organismus auf Lungenatmung um. Die meisten Küken brechen die Eischale mit ihrem Eizahn schon am 20. Tag auf, brauchen aber dann bis zum 21. Tag, ehe sie ganz aus dem Ei heraus sind.

Die äußerst stabile Eierschale wird beim Schlupfvorgang nicht auf einmal gesprengt, sondern ausgehend von einem Loch Stück für Stück durch den Eizahn und die Hebelwirkung des Körpers erweitert, bis das Küken ganz frei ist.

DIESE GELOCKTEN ZWERG-COCHIN-KÜKEN SIND BEREITS EIN PAAR TAGE ALT UND NOCH GANZ FLAUSCHIG-FLAUMIG.

Beim Schlupf ist auf eine ausreichende Feuchtigkeit der Luft im Brutapparat zu achten, denn sie verhindert, dass die Eihaut austrocknet und an die Daunen des Kükens anklebt. Wäre dies der Fall, könnte das Küken nicht weiterschlüpfen und würde sterben. Brütet eine Glucke die Küken aus, sorgt sie für das richtige Klima.

Schlupf-Phase 3: endlich auf eigenen Beinen

Schließlich hat das Küken es geschafft: Es hat sich vollständig aus seiner Eischale befreit! Nun muss es sich einige Zeit erholen, denn die Prozedur des Schlüpfens ist kräftezehrend. Es liegt flach da und ist einfach nur fertig. Während dieser Zeit trocknen die Daunen und aus dem schmierig feuchten wird das flauschige Küken, das wir alle so lieben. Dann ist das Hühnchen bereit fürs Leben und pickt gleich nach dem ersten Futter.

Auch wenn es hart klingt, man sollte beim Schlupf des Kükens nicht eingreifen und so versuchen, dem Küken zu seinem Lebensrecht zu verhelfen. Hier sollte man der Natur freien Lauf lassen. Denn meistens geht die Hilfestellung schief und endet mit dem Tod des Kükens. Hilft man zu früh, hat das Küken den Dottersack noch nicht restlos eingezogen und zieht sich sehr leicht eine Infektion zu. Hilft man zu spät, ist das Küken oft schon so geschwächt, dass es keine Überlebenschance hat.

Wenn Sie Ihre Küken gegen Marek (Seite 100) impfen lassen wollen, müssen Sie bei Ihrem Tierarzt frühzeitig einen Termin ausmachen. Die Küken sollten Sie dann direkt aus dem Brutapparat mitnehmen. Übrigens können Ihre Küken bis zu 48 Stunden nach dem Schlupf ohne Futter und Wasser in der Brutmaschine bleiben, sodass Sie mit dem Impfen noch auf Nachzügler warten können.

Geschafft! Willkommen im Leben

Küken sind klassische Nestflüchter, das heißt, sie sind gleich aktiv, picken umher, fressen und trinken selbstständig und werden nicht – beispielweise wie bei Meisen und Amseln – von den Eltern gefüttert. Übrigens haben Küken aus dem Brutapparat keinerlei Nachteile oder Defizite in ihrer Entwicklung gegenüber Tieren aus Naturbrut.

Wurden die Kleinen von einer Glucke ausgebrütet, folgen sie nach dem Schlüpfen und Abtrocknen des Daunenkleides ihrer Mutter. Stammen sie aus dem Brutapparat starten sie ebenfalls gleich durch. Je nach Rasse und Farbenschlag sind die Küken unterschiedlich groß und haben auch ein unterschiedlich gefärbtes Daunengefieder – ja, nicht alle Zwerghuhnküken sind flauschige gelbe Daunenbälle, manche sind auch bräunlich gefleckt, rötlich oder ganz schwarz. Bei einigen Rassen erkennt man daran sogar schon das Geschlecht, zum Beispiel bei Bielefelder Zwerg-Kennhühnern oder kennfarbigen Farbenschlägen anderer Rassen.

Von der Glucke behütet

Wenn alle Küken geschlüpft sind, unternimmt die Glucke die ersten kurzen Wege mit ihnen. Eine Glucke mit ihren Küken – was für ein Bild! Es gehört zu den absoluten Highlights jeder Zwerghuhnhaltung. Die zuweilen lustige Verständigung zwischen Mutter und Kindern, die oft an menschliche Verhaltensweisen erinnert, bringt uns immer wieder zum Staunen. Auch das fürsorgliche Miteinander rührt. Obwohl … Es kann durchaus vorkommen, dass beim Schar-

Über Zwerghühner kann man nie genug wissen, lesen, posten oder sich austauschen. Zu faszinierend sind die Vielfalt an Rassen und die Details ihres Verhaltens. Wer Tipps zu Büchern oder informativen Internetseiten sucht, wird auf den nächsten Seiten fündig. Und ansonsten gilt: beobachten, beobachten, beobachten.

BEZUGSQUELLEN

Breker Hobby-Tierbedarf: Kneblinghauser Weg 20, 59602 Rüthen, www.breker.de

HEKA-Brutgeräte: Langer Schemm 290, 33397 Rietberg, www.heka-brutgeraete.de

J. Hemel Brutgeräte: Am Buschbach 20, 33415 Verl, www.hemel.de

Janeschitz Brutmaschinen: Dr.-Georg-Schäfer-Straße 17, 97762 Hammelburg, www.bruja.de

ZUM WEITERLESEN

Bauer, Wilhelm: Hühnerställe bauen. 3., aktual. Aufl., Verlag Eugen Ulmer, 2019.

Bauer, Wilhelm: Richtig gutes Hühnerfutter. Gesundes und natürliches Superfood für Hühner, Wachteln, Tauben und Co. 2. Aufl., Verlag Eugen Ulmer, 2022.

Bund Deutscher Rassegeflügelzüchter (Hrsg.): Deutscher Rassegeflügel-Standard. Offenbach 1996.

Geflügelzeitung. Der Kleintier-Züchter. Offizielles Organ des Bundes Deutscher Rassegeflügelzüchter. Hobby- und Kleintierzüchter Verlagsgesellschaft mbH & Co. KG, erscheint zweimal monatlich, www.gefluegelzeitung.de

Keyes, Giene: Clickertraining für Hühner. Verlag Eugen Ulmer, 2020.

Krause, Antje und Bauer, Wilhelm: Garten sucht Hühner. Die besten Rassen für kleine Gärten. Verlag Eugen Ulmer, 2018.

Krause, Antje und Bauer, Wilhelm: Warum Hühner scharren, nicken und picken. Alles über Verhalten, Gewohnheiten und Marotten. Verlag Eugen Ulmer, 2021.

Peitz, Beate und Leopold: Hühner halten. Glückliche Hühner im eigenen Garten. 10., aktual. und erw. Aufl., Verlag Eugen Ulmer, 2021.

Peitz, Beate und Leopold sowie Bauer, Wilhelm: Hühner in meinem Garten. Alles über Haltung und Ställe. 2., aktual. Aufl., Verlag Eugen Ulmer, 2019.

Schmidt, Horst und Proll, Rudi: Hühner und Zwerghühner. 182 Rassen für Garten, Haus, Hof und Ausstellung. 4., aktual. Aufl., Verlag Eugen Ulmer, 2018.

Schmidt, Horst und Proll, Rudi: Rassegeflügel kompakt. 535 Hühner-, Puten-, Perlhühner-, Gänse-, Enten- und Taubenrassen im Porträt. 2., aktual. Aufl., Verlag Eugen Ulmer, 2020.

ZUM REINKLICKEN

Bund Deutscher Rassegeflügelzüchter
Über die Landesverbände finden Sie dann zu den Kreisverbänden in Ihrer Nähe. www.bdrg.de

Verband der Zwerghuhnzüchter-Vereine im BDRG
Hier finden Sie Kontakte zu allen Zwerghuhn-Sondervereinen in Deutschland. Vor allem zu empfehlen, wenn Sie eine bestimmte Rasse oder Farbenschlag suchen. www.vzv.de

Sondervereine von Zwerghuhnrassen

Altenglische Zwerg-Kämpfer: www.zwergkaempfer.de

Antwerpener Bartzwerge: www.sonderverein-antwerpenerbartzwerge.de

Chabo: www.chaboclub.de

Deutsche Zwerg-Lachshühner: www.sv-deutscher-lachshuhnzuechter.de

Deutsche Zwerg-Wyandotten *in den Farbenschlägen:*
Birkenfarbig, weiß-schwarzcolumbia, gelb-schwarzcolumbia:
www.sv-zw-wyandotten-bf-wsc.jimdofree.com
Blau, gelb, rot, schwarz-weißgescheckt, lachsfarbig, kennfarbig, gelb-weißgesperbert, braun-porzellanfarbig: www.sv-der-seltenfarbigen-zwerg-wyandotten.de
Braungebändert, goldhalsig, silberhalsig: www.sv-braungeb-goldh-silberh-zwerg-wyandotten.de
Gesäumte Farbenschläge: www.sv-ges-wyandotten.de
Gestreift: https://sv-zwerg-wyandotten-gestreift.de.tl
Orangefarbig-gebändert, orangehalsig: www.orange-zw-wyandotten.com
Schwarz: www.sv-schwarze-zw-wyandotten.de
Weiß: www.zwerg-wyandotten.de

Federfüßige Zwerghühner: www.federfuss.de

Holländer Zwerg-Haubenhühner: www.sv-silkiespolands.de

Sebright: www.sebright.de

Zwerg-Araucana: www.sonderverein-araucana.de

Zwerg-Barnevelder: www.sv-barnevelder.de

Zwerg-Brahma: www.sv-cochin-brahma-zwerg-brahma.de

Zwerg-Cochin: www.zwerg-cochin.de

Zwerg-Hamburger: www.sv-zwerghamburger.de

Zwerg-Italiener: www.sv-zwerg-italiener.de

Zwerg-Seidenhühner: www.sv-silkiespolands.de

Zwerg-Welsumer: www.sv-welsumer.de

Register

HIER KÖNNEN SIE WEITERLESEN

Hühnerställe bauen.

Wilhelm Bauer.

3., aktualisierte Auflage 2019.

144 Seiten, 72 Farbfotos,

40 Zeichnungen, geb.

ISBN 978-3-8186-0530-8.

Selbst gebaut? Na klar! Einen selbst gebauten Hühnerstall können Sie perfekt an die Gegebenheiten in Ihrem Garten anpassen. Wichtig ist, dass die Bedingungen im Stall fürs Federvieh optimal sind – nur so werden Ihre Hühner auch fleißige Eierlieferanten. Was Sie dazu über Stalltypen, Baustoffe, Bauablauf, Dachkonstruktionen, technische Installationen, Einrichtung, Wirtschaftsraum, Ausläufe und Volieren wissen sollten, zeigt Ihnen dieses Buch im Detail. Zehn Beispiele aus der Praxis, vom Kleinststall über das umgebaute Kinderspielhaus bis hin zur Zuchtanlage, liefern Ihnen jede Menge Ideen und Anregungen für die Planung und den Bau Ihres eigenen Hühnerstalls.

VON WEGEN DUMMES HUHN

Warum Hühner scharren, nicken und picken.
Alles über Verhalten, Gewohnheiten und Marotten.
Antje Krause, Wilhelm Bauer.
2021. 144 Seiten, 100 Farbfotos, Klappenbroschur.
ISBN 978-3-8186-1142-2.

Hühnerverhalten unter der Lupe: Warum tun Hühner, was sie tun? Und warum tun sie oft nicht, was wir von ihnen wollen? Hühner beobachten entschleunigt und macht Spaß – einige Verhaltensweisen sind jedem Hühnerhalter bekannt, andere verblüffen und überraschen. Mit viel Humor beschreiben und erklären Antje Krause und Wilhelm Bauer das, was unsere Hühner den lieben langen Tag so tun: scharren und picken, fressen und trinken, sonnen- und staubbaden, putzen und dösen, heranwachsen und lernen, sich unterhalten... Viele außergewöhnliche Fotos halten vieles fest, aber nicht alles: Hühner sind einfach zu schnell.

BILDQUELLEN

Alle Fotos und das Titelfoto stammen bis auf folgende von Maren Leuker.
Wilhelm Bauer: Seite 24, Yvonne Bauer: Seite 22, 26, 31 (2), 32 li., Regina Kuhn: Seite 25, Grafik Hühnerspuren: red.sign, Stuttgart

IMPRESSUM

Anmerkung zur Schreibweise (Gendering): Gendergerechtigkeit und Inklusion sind bei uns gelebte Praxis – bei der Auswahl unserer Themen, bei der Recherchearbeit, in der Gestaltung. Unsere Texte meinen alle. Damit unsere Inhalte jedoch gut lesbar bleiben, verzichten wir in diesem Werk auf die jeweilige Mehrfachnennung oder Anpassung der Schreibweise bestimmter Bezeichnungen an die weibliche, männliche oder diverse Form. Die in diesem Buch enthaltenen Empfehlungen und Angaben sind von den Autoren mit größter Sorgfalt zusammengestellt und geprüft worden. Eine Garantie für die Richtigkeit der Angaben kann aber nicht gegeben werden. Autoren und Verlag übernehmen keine Haftung für Schäden und Unfälle. Bitte setzen Sie bei der Anwendung der in diesem Buch enthaltenen Empfehlungen Ihr persönliches Urteilsvermögen ein. Der Verlag Eugen Ulmer ist nicht verantwortlich für die Inhalte der im Buch genannten Websites.

Bibliografische Information der Deutschen Nationalbibliothek
Die Deutsche Nationalbibliothek verzeichnet diese Publikation in der Deutschen Nationalbibliografie; detaillierte bibliografische Daten sind im Internet über http://dnb.d-nb.de abrufbar.

2022 Eugen Ulmer KG
Wollgrasweg 41, 70599 Stuttgart (Hohenheim)
E-Mail: info@ulmer.de
Internet: www.ulmer.de
Projektleitung: Antje Munk
Lektorat: Antje Krause
Herstellung: Katharina Merz
Umschlaggestaltung: Marion Schreiber
Satz: red.sign, Stuttgart
Reproduktion: time:ray, Jettingen
Druck und Bindung: Firmengruppe Appl, aprinta Druck, Wemding
Printed in Germany

ISBN 978-3-8186-1173-6